全国高等职业学校机械类专业

机械设计基础（第三版）习题册

张　丽　主编

中国劳动社会保障出版社

简介

本习题册是全国高等职业学校机械类专业教材《机械设计基础（第三版）》的配套用书。本习题册紧扣教学要求，按照教材章节顺序编排，知识点分布均衡，题型丰富多样，难易配置适当，有助于学生复习巩固所学知识。

本习题册由张丽任主编，贾利敏任副主编，曹振法、赵龙阳、王金明、燕洪钊、彭泽、钱抗抗、孙桂香、吴艳芳、郭郁汀、张晶参加编写。

图书在版编目(CIP)数据

机械设计基础（第三版）习题册/张丽主编. -- 北京：中国劳动社会保障出版社，2021
全国高等职业学校机械类专业
ISBN 978-7-5167-2321-0

Ⅰ.①机⋯ Ⅱ.①张⋯ Ⅲ.①机械设计-高等职业教育-习题集 Ⅳ.①TH122-44

中国版本图书馆 CIP 数据核字（2021）第 096629 号

中国劳动社会保障出版社出版发行
（北京市惠新东街 1 号　邮政编码：100029）

*

涿州市星河印刷有限公司印刷装订　新华书店经销

787 毫米×1092 毫米　16 开本　6. 25 印张　147 千字
2021 年 9 月第 1 版　2024 年 11 月第 6 次印刷
定价：13. 00 元

营销中心电话：400-606-6496
出版社网址：http://www.class.com.cn
http://jg.class.com.cn

目　录

绪 论

一、填空题

1. 机械是__________体力劳动、________________的重要辅助工具。
2. 机构是具有确定__________的构件的组合，是用来传递______和______的构件系统。
3. 一般而言，机器的组成通常包括__________、__________、__________和控制部分。
4. 零件与构件的区别在于零件是________单元，构件是________单元。

二、判断题

1. 机器动力部分的作用是将原动机的运动和动力传递给执行部分。（　　）
2. 构件可以是一个独立的零件，也可以由若干零件组成。（　　）
3. 机械传动可分为摩擦传动和啮合传动。（　　）
4. 带传动包括平带传动和V带传动。（　　）

三、简答题

1. 机械通常分为哪两类？试举例说明。

2. 机器动力部分的作用是什么？

3. 机械设计基础课程的任务有哪些？

模块一　螺纹连接与螺旋传动

课题一　螺 纹 连 接

一、填空题

1. 螺纹连接的主要类型有________、________、________和________。

2. 螺纹根据不同的分类方式可分为不同的种类，按形成表面不同分为________、________、________、________；按旋向不同分为________和________；按螺旋线数目不同分为________和________；按牙型截面形状不同分为________、________、________和________；按用途不同分为________和________。

3. 螺纹代号 M20×2—6H/5g6g—LH 表示________________________。

4. 螺旋传动可方便地把主动件的回转运动转变为从动件的________运动。

5. 普通螺纹多用于________，梯形螺纹多用于________。

6. 常用的螺纹牙型有________、________、________、________等几种，用于连接的螺纹牙型为________，用于传动的螺纹牙型为________。

7. 三角形普通螺纹的牙型角 $\alpha=$________，适用于________；而梯形螺纹的牙型角 $\alpha=$________，适用于________。

8. 在拧紧螺栓时，控制拧紧力的方法有____________、____________和____________。

9. 粗牙螺纹和细牙螺纹比较，自锁性高的螺纹为__________。

10. 普通螺栓连接的主要失效形式是__________和__________。

11. 承受预紧力和工作拉力的紧螺栓连接，螺栓所受的总拉力等于__________和__________之和。

12. 普通螺纹大径也就是公称直径，是指________________________。

13. 常用的螺纹连接件有________、________、________、________、________和________等。

14. 常用的螺纹连接件材料有________、________、________、________等。

15. 螺纹连接防松的实质是________________________。

16. 普通紧螺栓连接受横向载荷作用，则螺栓中受________应力和________应力作用。

17. 螺纹连接件大多都已标准化，标准的螺纹连接件都有规定的标记，标记的内容有________、________、________，可以从有关手册中查得。

18. M16×1 表示公称直径为_____mm，螺距为_____mm，_____旋_____牙普通螺纹。

二、选择题

1. 当螺纹公称直径、牙型角、螺纹线数相同时，细牙螺纹的自锁性能比粗牙螺纹的自锁性能（　　）。

A. 好　　B. 差　　C. 相同　　D. 不一定

2. 用于连接的螺纹牙型为三角形，这是因为三角形螺纹（　　）。

A. 牙根强度高，自锁性能好　　B. 传动效率高

C. 防振性能好　　D. 自锁性能差

3. 计算紧螺栓连接的拉伸强度时，考虑到拉伸与扭转的复合作用，应将拉伸载荷增加到原来的（　　）倍。

A. 1.1　　B. 1.3　　C. 1.25　　D. 0.3

4. 在螺栓连接中，有时在一个螺栓上采用双螺母，其目的是（　　）。

A. 提高强度　　B. 提高刚度

C. 防松　　D. 减小每圈螺纹牙上的受力

5. 螺纹的危险截面应在（　　）上。

A. 大径　　B. 小径　　C. 中径　　D. 直径

6. 当两个被连接件不太厚时，宜采用（　　）。

A. 双头螺柱连接　　B. 螺栓连接

C. 螺钉连接　　D. 紧定螺钉连接

7. 螺纹连接防松的根本问题在于（　　）。

A. 增加螺纹连接的轴向力　　B. 增加螺纹连接的横向力

C. 防止螺纹副的相对转动　　D. 增加螺纹连接的刚度

8. 螺纹连接预紧的目的之一是（　　）。

A. 增强连接的可靠性和紧密性　　B. 增加被连接件的刚度

C. 减小螺栓的刚度

9. 承受预紧力 F' 的紧螺栓连接在受到工作拉力 F 时，剩余预紧力为 F''，其螺栓所受的总拉力 F_{Σ} 为（　　）。

A. $F_{\Sigma}=F+F'$　　B. $F_{\Sigma}=F+F''$

C. $F_{\Sigma}=F'+F''$　　D. $F_{\Sigma}=F+\frac{C_b}{C_b+C_m}F'$

10. 设计螺栓组连接时，虽然每个螺栓的受力不一定相等，但对该组螺栓仍应采用相同的材料、直径和长度，这主要是为了（　　）。

A. 外形美观　　B. 购买方便　　C. 便于加工和安装

11. 当采用铰制孔用螺栓连接承受横向载荷时，螺栓杆受到（　　）作用。

A. 弯曲和挤压　　B. 拉伸和剪切

C. 剪切和挤压　　D. 扭转和弯曲

12. 在受预紧力的紧螺栓连接中，螺栓危险截面的应力状态为（　　）。

A. 纯剪切　　B. 简单拉伸

C. 弯扭组合　　D. 拉扭组合

13. 下列属于摩擦防松的是（　　）。

A. 双螺母防松　　B. 焊接防松

C. 止动垫片防松　　D. 胶接防松

14. 单向受力的螺旋传动机构广泛采用（　　）。

A. 三角形螺纹　　B. 梯形螺纹

C. 矩形螺纹　　D. 锯齿形螺纹

15. 用于薄壁零件连接的螺纹，应采用（　　）。

A. 三角形细牙螺纹　　B. 梯形螺纹

C. 锯齿形螺纹　　D. 多线的三角形粗牙螺纹

16. 当两个被连接件之一太厚，不宜制成通孔，且需要经常拆装时，往往采用（　　）。

A. 螺栓连接　　B. 螺钉连接

C. 双头螺柱连接　　D. 紧定螺钉连接

17. 在常用的螺纹连接中，自锁性能最好的螺纹是（　　）。

A. 三角形螺纹　　B. 梯形螺纹

C. 锯齿形螺纹　　D. 矩形螺纹

三、判断题

1. 三角形螺纹具有较好的自锁性能，在振动或交变载荷作用下不需要防松。（　　）
2. 连接螺纹大多采用多线的梯形螺纹。（　　）
3. 普通螺纹的公称直径是指螺纹中径的基本尺寸。（　　）
4. 焊接防松属于摩擦防松。（　　）
5. 螺栓连接通常用于被连接件之一较厚且不经常装拆的场合。（　　）
6. 螺钉连接通常用于被连接件之一较厚且经常装拆的场合。（　　）
7. 常用的防松方法有摩擦防松、锁住防松和不可拆卸防松。（　　）
8. 为增强连接的紧密度，连接螺纹时大多采用多线三角形螺纹。（　　）
9. 两个相互配合的螺纹，其旋向相同。（　　）
10. 螺栓连接的结构特点是被连接件上有孔，螺栓穿过通孔，螺栓与孔之间没有间隙。（　　）
11. 螺钉连接适用于有一个较厚的被连接件，且不经常拆卸的连接。（　　）

四、简答题

1. 螺纹连接预紧的目的是什么？

2. 紧连接受拉螺栓承受什么载荷？其强度计算公式中的系数 1.3 有什么含义？

3. 提高螺栓连接强度的措施有哪些？

4. 铰制孔用螺栓连接有何特点？用于承受何种载荷？

5. 为什么螺纹连接通常要采取防松措施？常用的防松方法和装置有哪些？

6. 紧螺栓连接的强度也可以按纯拉伸计算，但需将拉力增大30%，试阐述原因。

7. 为什么螺母的螺纹圈数不宜大于10圈？

8. 连接螺纹能满足自锁条件，为什么还要考虑防松？根据防松原理，防松方法可分为哪几类？

五、计算题

1. 下图所示的矩形钢板用两个 M20 的普通螺栓连接到机架上。已知作用于钢板的载荷 $F=2\ 000$ N，螺栓小径 $d_1=17.29$ mm，板和螺栓材料为 Q235 钢，$R_{eL}=235$ MPa，不控制预紧力的安全系数 $S=2.4$，板与机架间的摩擦因数 $f=0.2$，可靠性系数 $K_f=1.1$，$a=200$ mm，$L=300$ mm。试校核该螺栓连接的强度。

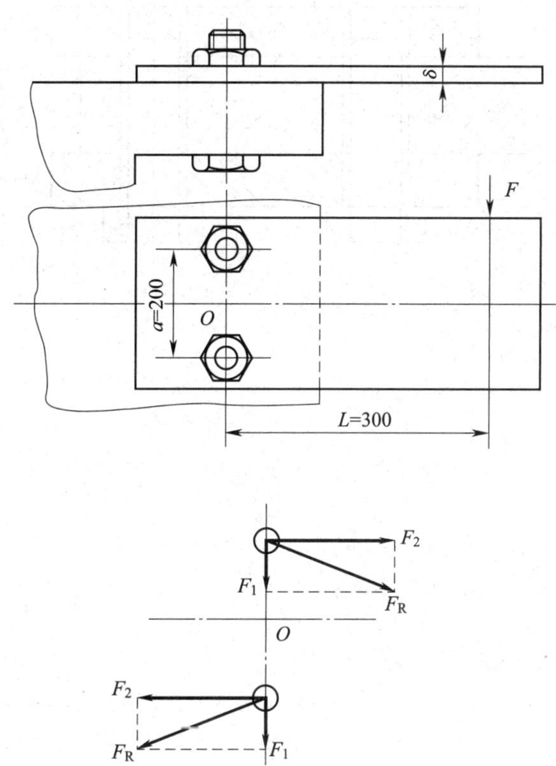

2. 下图所示普通螺栓连接中采用两个 M16 的螺栓，已知螺栓小径 $d_1 = 13.84$ mm，螺栓材料为 35 钢，$[\sigma] = 105$ MPa，被连接件接合面间摩擦因数 $f = 0.15$，可靠性系数 $K_f = 1.2$。试计算该连接允许传递的最大横向载荷 F_R。

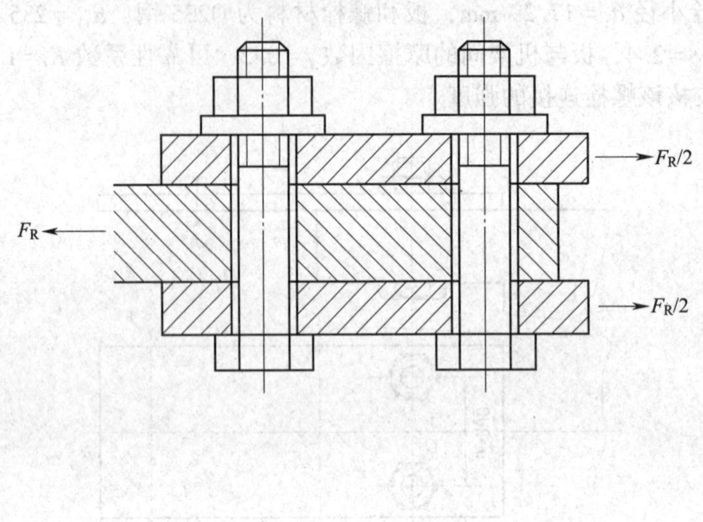

3. 下图所示凸缘联轴器采用 6 个普通螺栓连接，安装时不控制预紧力。已知联轴器传递的转矩 $T = 300$ N · m，螺栓材料为 Q235，$R_{eL} = 230$ MPa，螺栓直径为 M6～M16 时，安全系数 $S = 4$～3，螺栓直径为 M16～M30 时，$S = 3$～2，接合面间摩擦因数 $f = 0.15$，螺栓分布圆直径 $D = 115$ mm，可靠性系数 $K_f = 1.2$。试确定螺栓的直径。

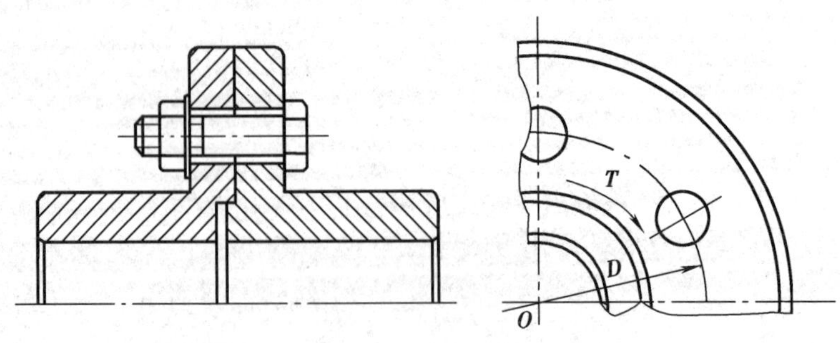

4. 超重吊钩如下图所示，已知吊钩螺纹的直径 $d=36$ mm，螺纹小径 $d_1=31.67$ mm，吊钩材料为 35 钢，$R_{eL}=315$ MPa，取安全系数 $S=4$。试计算吊钩的最大起重量。

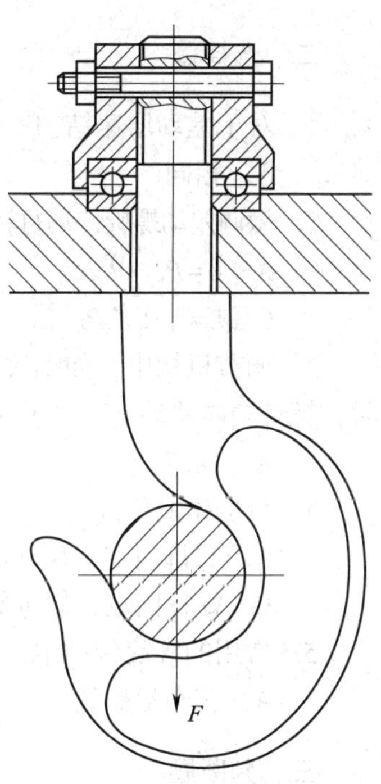

课题二　螺 旋 传 动

一、填空题

1. 螺旋传动常将主动件的匀速转动转换为从动件平稳、匀速的__________运动。

2. 螺旋传动常用的应用形式有____________________、____________________、__________________和__________________四种。

3. 由螺杆和螺母组成的简单螺旋副传动又称为__________________。

4. __________________可以方便地实现微量调节。

5. 普通螺旋传动和差动螺旋传动属于______________，螺旋副________________大、____________低，不能满足现代机械的传动要求。目前，在数控机床、汽车等机械中一般采用_______________机构。

6. 螺旋传动具有__________、__________、__________、__________等优点。

7. 差动螺旋传动相较于普通螺旋传动的最大优点是______________________________。

8. 滚珠螺旋传动内、外螺纹面之间的相对运动为__________摩擦。

二、选择题

1. 对于差动增速结构，A、B 两段螺纹旋向（　　）。
   A. 相同　　　B. 相反　　　C. 无法确定

2. 微调差动螺旋传动每转位移量 L 与两段螺纹的导程 P_{h1}、P_{h2} 三者的关系表示为（　　）。
   A. $L=P_{h1}+P_{h2}$　　　B. $L=P_{h1}\cdot P_{h2}$
   C. $L=|P_{h1}-P_{h2}|$　　　D. $L=P_{h1}/P_{h2}$

3. 调节机构中，如螺纹为双线，螺距为 3 mm，平均直径为 14.7 mm，当螺杆转 3 转时，螺母轴向移动（　　）mm。
   A. 14.7　　　B. 29.4　　　C. 18　　　D. 6

4. 台虎钳属于（　　）的螺旋传动形式。
   A. 螺母固定，螺杆旋转并移动　　　B. 螺母轴向固定但旋转，螺杆轴向移动
   C. 螺杆固定，螺母旋转并移动　　　D. 螺杆轴向固定但旋转，螺母移动

5. 常用的螺旋传动中，传动效率最高的螺纹是（　　）。
   A. 三角形螺纹　　　B. 梯形螺纹　　　C. 锯齿形螺纹　　　D. 矩形螺纹

三、判断题

1. 螺旋传动中，螺杆一定是主动件。　（　　）
2. 螺距为 4 mm 的三线螺纹每转动 1 圈，螺纹件轴向位移 4 mm。　（　　）
3. 所有螺旋传动都能实现微量调节。　（　　）
4. 普通螺旋传动不能产生极小的位移。　（　　）
5. 若想主动件转动较大角度而从动件只做微量位移，可采用差动螺旋传动。　（　　）

四、简答题

1. 螺旋传动具有哪些优点？

2. 普通螺旋传动中从动件做直线移动的方向如何判定？

3. 差动螺旋传动中活动螺母的移动方向如何判定？

五、计算题

1. 已知单线梯形丝杠传动的螺距为 6 mm，试计算：

（1）欲使螺母移动 30 mm，丝杠应转多少转？

（2）设螺母移动 0.06 mm，刻度盘转过 1 格，此刻度盘应均匀刻线多少条？

2. 普通螺旋传动机构中，双线螺杆驱动螺母做直线运动，螺距为 6 mm。求：

（1）螺杆转两周时，螺母的移动距离为多少？

（2）螺杆转速为 25 r/min 时，螺母的移动速度为多少？

3. 如图所示差动螺旋传动固定螺纹导程为 3 mm，旋向为右旋，活动螺纹导程为 2 mm。求：

（1）螺杆的移动方向。

（2）当活动螺母为右旋时，活动螺母的位移及移动方向。

（3）当活动螺母为左旋时，活动螺母的位移及移动方向。

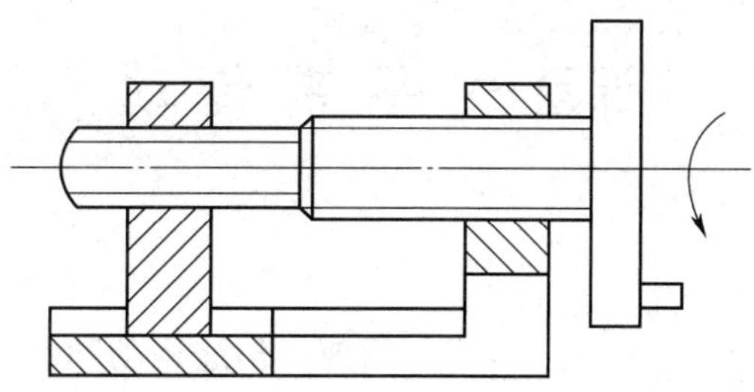

模块二 带传动与链传动

课题一 平 带 传 动

一、填空题

1. 带传动是由_________和_________组成，传递运动和（或）动力的。带传动可分为_________传动和_________传动两类。

2. 平带传动属于摩擦传动，带的工作面和带轮的轮缘表面接触，传递运动和动力。其主要类型有_________、_________、_________三种。

3. 平带的接头方式有________、________、________等。

4. 平带传动的主要参数包括_________、_________、_________、_________等。

5. 包角是指带与带轮接触弧所对应的_________。

二、判断题

1. 平带传动和 V 带传动都属于摩擦传动类型，应用最广泛。（ ）

2. 带传动一般用于高速小扭矩场合，用在输出端的情况较多。（ ）

3. 平带的主要类型中，帆布芯平带的抗拉强度较大，所以应用最广泛。（ ）

4. 平带传动的传动比 $i=n_1/n_2=d_1/d_2$。（ ）

5. 为了提高平带传动的承载能力，包角 α 不能太小，一般要求 $\alpha\geqslant150^\circ$。（ ）

三、简答题

1. 平带传动有什么特点？在实际应用中有哪些形式？

2. 复合平带在实际生产中有哪些应用？

四、计算题

在平带开口传动中，已知主动轮直径 $d_1 = 200$ mm，从动轮直径 $d_2 = 600$ mm，两传动轴中心距 $a = 1\ 200$ mm。试计算传动比、包角和带长。

课题二　V 带传动

一、填空题

1. 普通 V 带横截面近似____________，由________、______、________和________四部分组成。

2. V 带节宽就是带的__________，楔角为____________夹角，大小为____________。

3. 普通 V 带按其截面尺寸大小共分为______、______、______、______、______、______、______七种型号，其中__________型传递载荷最大，__________型截面积最小。

4. 带传动的张紧装置通常采用________________和________________两种方法。

5. 带轮中的槽角 φ 与 V 带楔角 α 的关系为____________。

6. V 带传动中使用的张紧轮应该安放在 V 带___________，尽量靠近___________处。

7. V 带传动的两种失效形式为____________和____________。

8. 对于 V 带传动，其滑动率一般处于____________。

9. 带传动工作时，若主动轮的圆周速度为 v_1，从动轮的圆周速度为 v_2，带的线速度为 v，则它们的关系为 v_1________v，v_2________v。

10. 在传动比不变的条件下，V 带传动的中心距增大，则小轮的包角________，因而承载能力________。

二、选择题

1. V 带合适的工作速度 v 应为（　　）。

A. $v \leqslant 10$ m/s　　B. $v \geqslant 20$ m/s　　C. 5 m/s $\leqslant v \leqslant$ 25 m/s

2. V 带的截面夹角为（　　）。

A. 38°　　B. 36°　　C. 34°　　D. 40°

3. 一组 V 带中，若有一根不能使用，这时应（　　）。

A. 全组更换　　B. 只更换一根　　C. 更换其中几根

4. V 带的基准长度为（　　）。

A. 内圈长度　　B. 中性层长度　　C. 外圈长度

5. V 带的传动性能主要取决于（　　）。

A. 包布层　　B. 强力层　　C. 压缩层　　D. 伸张层

6. 下列普通 V 带传动中，以（　　）带的传动能力最小。

A. Y 型　　B. A 型　　C. E 型

7. 关于普通 V 带传动的安装与维护，下列说法不正确的是（　　）。

A. 新、旧 V 带可同组使用

B. 若发现个别 V 带有疲劳撕裂现象时，应及时更换所有 V 带

C. 为了保证安全生产，应给 V 带传动加防护罩

D. 安装时，带张紧程度以拇指能按下 15 mm 为宜

8. 带传动在工作中产生弹性滑动的原因是（　　）。

A. 带的预紧力不够　　B. 带的松边和紧边拉力不等

C. 带绕过带轮时有离心力　　D. 带和带轮间的摩擦力不够

9. 与链传动相比较，带传动的优点是（　　）。

A. 工作平稳，基本无噪声　　B. 承载能力大

C. 传动效率高　　D. 使用寿命长

10. 选取 V 带型号时主要考虑（　　）。

A. 带传递的功率和小带轮转速　　B. 带的线速度

C. 带的紧边拉力　　D. 带的松边拉力

11. 适用于两轴中心距较大、依靠带的内表面与带轮外圆间的摩擦力传递力的带传动类型是（　　）。

A. V 带传动　　B. 平带传动　　C. 圆带传动　　D. 同步带传动

12. V 带传动安装张紧轮的目的是（　　）。

A. 增大带的弯曲应力　　B. 保证带的使用寿命

C. 避免带超载打滑　　D. 保证一定的张紧力

13. V 带带轮结构形式取决于（　　）。

A. 带速　　B. 传递的功率　　C. 带轮的直径　　D. V 带型号

14. 某些传动机构中经常需要急速反转，为了缓和冲击，一般选择（　　）。

A. 齿轮传动　　B. 带传动　　C. 链传动　　D. 蜗杆传动

三、判断题

1. 在相同条件下，V 带传递动力的能力比平带大，摩擦力增大约 70%。（　　）
2. V 带传动装置必须安装安全防护罩。（　　）
3. 包角越大，带与带轮的接触弧越长，能传递的功率就越大。（　　）
4. V 带截面形状是梯形，两侧面是工作面，其夹角为楔角，其值等于 40°。（　　）
5. V 带轮槽夹角 θ 应略小于 40°。（　　）
6. V 带张紧轮应安装在带的松边外侧靠近小带轮处。（　　）
7. 过载时，传动带在带轮上打滑可以起到安全保护作用。（　　）
8. 为了使带传动可靠，一般要求小带轮上的包角 α_1 不得小于 120°。（　　）
9. 安装 V 带时，应保证带轮轮槽的两侧面及底面与带接触。（　　）

四、简答题

1. V 带传动有哪些使用注意事项？

2. 带传动的弹性滑动和打滑有什么区别？带的设计准则是什么？

3．V带传动有哪些优点？

4．V带传动有哪些缺点？

五、计算题

某一级普通V带传动，已知：主动轮基准直径 $d_{d1}=140$ mm，转速 $n_1=1\ 440$ r/min；从动轮转速 $n_2=750$ r/min；中心距 $a_0=800$ mm。试计算传动比、从动轮基准直径，验算包角并计算V带的基准长度。

六、应用题

如下图所示采用张紧轮将带张紧，小带轮为主动轮。在图 a、b、c、d、e、f、g 和 h 所示的八种张紧轮的布置方式中，哪些是合理的，哪些是不合理的？为什么？（注：最小轮为张紧轮）

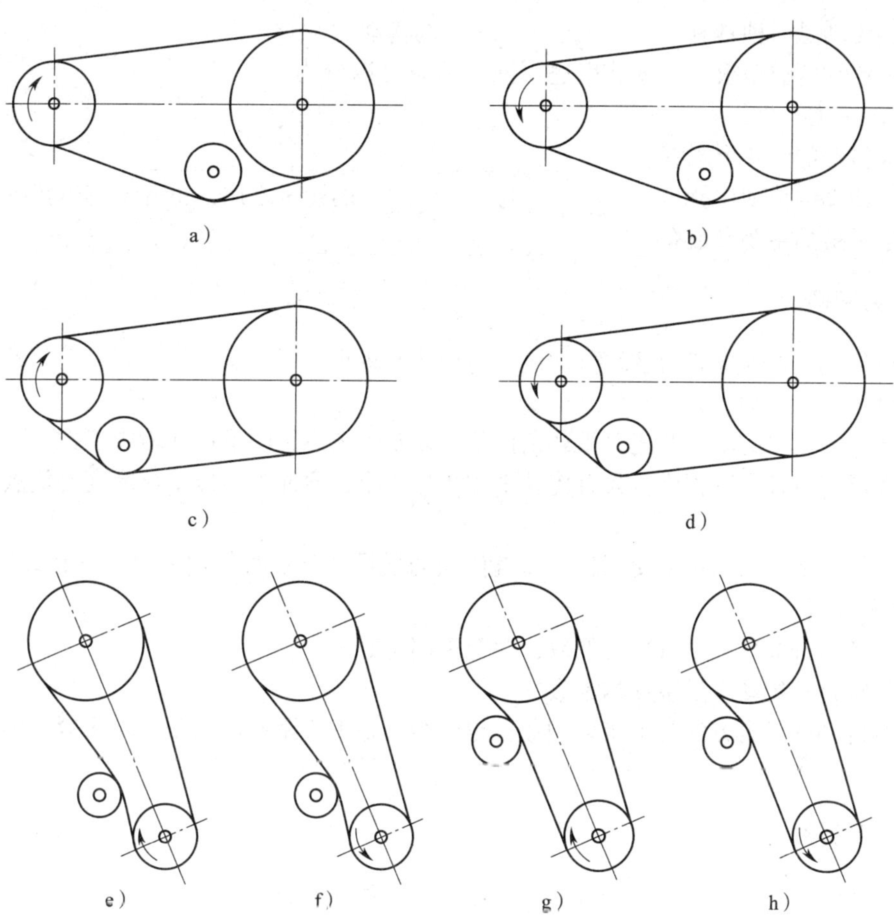

课题三　链　传　动

一、填空题

1. 链传动是一种具有________________的传动。

2. 链传动的类型很多，按其用途不同，链条可以分为___________、___________、_________三类。

3. 链传动的失效形式有_______、_______、_______、_______、_______五种。

4. 链传动的传动比就是________与________的转速之比，也等于其齿数的_____。

5. 滚子链的主要参数有_________、_________、_________、_________。

二、判断题

1. 链传动能保证准确的平均传动比，传动功率较小。 (　　)

2. 链传动的传动比 $i_{12}=n_1/n_2=z_1/z_2$。 (　　)

3. 链传动能在高温、低速、重载条件下，以及尘土飞扬的不良环境中工作。 (　　)

4. 齿形链与滚子链相比，具有传动平稳、噪声小、耐冲击、传动速度高等优点。 (　　)

5. 为保证链传动的正常使用，提高链传动的质量并延长其使用寿命，链传动需进行适当的张紧和润滑。 (　　)

6. 链条的链节数应尽量采用偶数，避免采用奇数。 (　　)

7. 排距是链传动中最主要的参数。 (　　)

8. 链传动的张紧方法与带传动相似，也分为调整中心距和使用张紧轮张紧两种。 (　　)

三、简答题

1. 链传动的常见类型有哪两种？套筒滚子链由哪几部分组成？

2. 简述链传动的应用特点。

四、计算题

1. 已知主动链轮转速 $n_1 = 200$ r/min，主动链轮齿数 $z_1 = 40$，从动链轮齿数 $z_2 = 80$，求从动链轮转速 n_2。

2. 一双排滚子链传动，已知节距 $p = 25.4$ mm，单排链传递的额定功率 $P_0 = 16$ kW，小链轮齿数 $z_1 = 19$，大链轮齿数 $z_2 = 65$，中心距约为 800 mm，小链轮转速 $n_1 = 400$ r/min，载荷平稳。小链轮齿数系数 $K_z = 1.11$，链长 $K_L = 1.02$，双排链系数 $K_p = 1.7$，工况系数 $K_A = 1.0$。试计算：

（1）该链传动能传递的最大功率。

（2）链条的长度。

模块三　齿轮传动

课题一　直齿圆柱齿轮传动

一、填空题

1. 渐开线的形状取决于__________大小，__________越大，渐开线越__________；__________越小，渐开线越__________。

2. 直齿圆柱齿轮的基本参数有__________、__________、__________、__________、__________。

3. 直齿圆柱齿轮副正确啮合的条件是____________________、____________________。

4. 闭式软齿面齿轮传动的主要失效形式是__________，闭式硬齿面齿轮传动的主要失效形式是__________。

5. 在闭式软齿面的齿轮传动中，通常首先出现__________破坏，故应按__________进行设计，然后校核齿根__________。

6. 齿轮设计中，在选择齿轮的齿数时，对闭式软齿面齿轮传动，一般 z_1 选得__________一些；对开式齿轮传动，一般 z_1 选得__________一些。

7. 设计闭式硬齿面齿轮传动，当直径 d_1 一定时，应取__________的齿数 z_1，使__________增大，以提高轮齿的弯曲强度。

8. 圆柱齿轮传动中，当齿轮直径 d_1 一定时，若减小齿轮模数、增大齿轮齿数，则可以____________________。

9. 轮齿弯曲强度计算中的齿形系数 Y_{Fa} 与__________无关。

10. 一对圆柱齿轮，通常把小齿轮的齿宽做得比大齿轮宽一些，其主要原因是______________________________。

11. 一对圆柱齿轮传动，小齿轮分度圆直径 $d_1=50$ mm、齿宽 $b_1=55$ mm，大齿轮分度圆直径 $d_2=90$ mm、齿宽 $b_2=50$ mm，则齿宽系数 $\psi_d=$__________。

12. 圆柱齿轮传动中，当轮齿为__________布置时，其齿宽系数 ψ_d 可以选得大一些。

13. 圆柱齿轮设计时，齿宽系数 $\psi_d=b/d_1$，b 越宽，承载能力也越__________，但使__________现象严重。选择 ψ_d 的原则是：两齿轮均为硬齿面时，取偏__________值；精度高时，取偏__________值；对称布置与悬臂布置时，取偏__________值。

14. 齿轮传动的基本要求是：__________、__________。

15. 直齿圆柱齿轮传动主要应用于____________________之间的运动传递。

二、选择题

1. 齿轮传动的特点是（　　）。

A. 瞬时传动比恒定　　B. 平均传动比恒定

C. 传动比不准确

2. 同一渐开线上各点的压力角（　　）。

A. 不相等　　B. 相等

C. 越远离基圆越大　　D. 越远离基圆越小

3. 为了保证齿轮传动的连续性，重合度（　　），传动越平稳。

A. 越大　　B. 越小

4. 一般开式齿轮传动的主要失效形式是（　　）。

A. 齿面胶合　　B. 齿面疲劳点蚀

C. 齿面磨损或轮齿疲劳折断　　D. 轮齿塑性变形

5. 高速重载齿轮传动，当润滑不良时，最可能出现的失效形式是（　　）。

A. 齿面胶合　　B. 齿面疲劳点蚀

C. 齿面磨损　　D. 轮齿疲劳折断

6. 对于开式齿轮传动，在工程设计中，一般（　　）。

A. 按接触强度设计齿轮尺寸，再校核弯曲强度

B. 按弯曲强度设计齿轮尺寸，再校核接触强度

C. 只需按接触强度设计

D. 只需按弯曲强度设计

7. 一对圆柱齿轮，通常把小齿轮的齿宽做得比大齿轮宽一些，其主要原因是（　　）。

A. 使传动平稳

B. 提高传动效率

C. 提高齿面接触强度

D. 便于安装，保证接触线长度

8. 齿轮传动在以下（　　）工况中的齿宽系数 ψ_d 可取得大一些。

A. 悬臂布置　　B. 不对称布置

C. 对称布置　　D. 同轴式减速器布置

9. 齿面硬度≤350HBW 的闭式钢制齿轮传动，其主要失效形式为（　　）。

A. 轮齿疲劳折断　　B. 齿面磨损

C. 齿面疲劳点蚀　　D. 齿面胶合

10. 一对圆柱齿轮传动中，当齿面产生疲劳点蚀时，通常发生在（　　）。

A. 靠近齿顶处　　B. 靠近齿根处

C. 靠近节线的齿顶部分　　D. 靠近节线的齿根部分

三、判断题

1. 齿轮传动的传动功率和速度范围大。（　　）

2. 直齿圆柱齿轮不可作变速滑移齿轮使用。（　　）

3. 设计齿轮时，所依据的设计准则取决于齿轮可能出现的失效形式。 ( )

4. 两个齿轮材料的热处理方式、齿宽、齿数均相同，但模数不同，$m_1 = 2$ mm，$m_2 = 4$ mm，它们的弯曲承载能力与模数无关。 ( )

5. 对于高速重载齿轮传动，可能出现齿面胶合，故需要校核齿面胶合强度。 ( )

6. 齿面接触疲劳强度计算的目的是防止齿面点蚀失效。 ( )

四、简答题

1. 在设计直齿圆柱齿轮传动时，应从哪几方面入手？

2. 齿轮常见的失效形式有哪些？

3. 预防轮齿折断的措施有哪些？

4. 进行齿轮承载能力计算时，为什么不直接用名义工作载荷，而要用计算载荷？

5. 有一闭式齿轮传动，满载工作几个月后，发现硬度为 200~240HBW 的齿轮工作表面上出现小的凹坑。试问：

(1) 这是什么现象？

(2) 该齿轮能否继续使用？

(3) 应采取什么措施？

6. 两级圆柱齿轮传动中，若一级为斜齿，另一级为直齿，斜齿圆柱齿轮应置于调整级还是低速级？为什么？若为直齿锥齿轮和圆柱齿轮所组成的两级传动，锥齿轮应置于调整级还是低速级？为什么？

7. 为什么轮齿的弯曲疲劳裂纹首先发生在齿根受拉伸一侧？

8. 一对齿轮传动，如何判断大、小齿轮中哪个齿面不易产生疲劳点蚀？哪个轮齿不易产生弯曲疲劳折断？简述其理由。

五、计算题

1. 一对标准直齿圆柱齿轮，已知齿轮的模数 $m=5$ mm，小、大齿轮的参数分别为：应力修正系数 $Y_{Sa1}=1.56$，$Y_{Sa2}=1.76$；齿形系数 $Y_{Fa1}=2.8$，$Y_{Fa2}=2.28$；许用应力 $\sigma_{FP1}=314$ MPa，$\sigma_{FP2}=286$ MPa。已知小齿轮的齿根弯曲应力 $\sigma_{F1}=306$ MPa。试问：

（1）哪一个齿轮的弯曲疲劳强度较大？

（2）两齿轮的弯曲疲劳强度是否均满足要求？

2. 技术革新需要一对传动比为 3 的直齿圆柱齿轮，现找到两个压力角为 20°的直齿轮，经测量，齿数分别为 $z_1=20$，$z_2=60$，齿顶圆直径分别为 $d_{a1}=55$ mm，$d_{a2}=186$ mm，这两个齿轮是否能配对使用？为什么？

课题二　斜齿圆柱齿轮传动

一、填空题

1. 斜齿圆柱齿轮的齿数 z 与模数 m 不变，若增大螺旋角 β，则分度圆直径 d________。

2. 减小齿轮动载荷的主要措施有：①____；②____________________________。

3. 斜齿圆柱齿轮的齿形系数 Y_{Fa} 与齿轮参数________、________、________有关，而与________无关。

4. 在齿轮传动设计中，影响齿面接触应力的主要几何参数是__________和__________；而影响极限接触应力 σ_{Hlim} 的主要因素是________________和________________。

5. 设齿轮的齿数为 z，螺旋角为 β，分度圆锥角为 δ，在选取齿形系数 Y_{Fa} 时，标准直齿圆柱齿轮按__________查取，标准斜齿圆柱齿轮按__________________查取，直齿锥齿轮按__________________查取（写出具体符号或表达式）。

6. 一对外啮合斜齿圆柱齿轮的正确啮合条件是：①____________；②____________；③____________。

7. 材料、热处理及几何参数均相同的三种齿轮传动（即直齿圆柱齿轮、斜齿圆柱齿轮和直齿锥齿轮传动）中，承载能力最高的是__________________传动，承载能力最低的是__________________传动。

8. 在斜齿圆柱齿轮设计中，应取________模数为标准值；而直齿锥齿轮设计中，应取________模数为标准值。

9. 直齿锥齿轮传动适用于圆周速度____________、载荷____________而稳定的场合。

二、选择题

1. 一对圆柱齿轮，通常把小齿轮的齿宽做得比大齿轮宽一些，其主要原因是（　　）。

A. 使传动平稳　　　　　　　　　　B. 提高传动效率

C. 提高齿面接触强度　　　　　　　D. 便于安装，保证接触线长度

2. 斜齿圆柱齿轮的动载荷系数 K 和相同尺寸精度的直齿圆柱齿轮相比较是（　　）的。

A. 相等　　　　　　　　　　　　　B. 较小

C. 较大　　　　　　　　　　　　　D. 可能大，也可能小

3. 计算直齿锥齿轮强度时，是以（　　）为计算依据的。

A. 大端当量直齿锥齿轮　　　　　　B. 齿宽中点处的直齿圆柱齿轮

C. 齿宽中点处的当量直齿圆柱齿轮　D. 小端当量直齿锥齿轮

4. 一对减速齿轮传动中，若保持分度圆直径 d_1 不变，而减少齿数和增大模数，其齿面接触应力将（　　）。

A. 增大　　　B. 减小　　　C. 保持不变　　　D. 略有减小

5. 一对直齿锥齿轮，两轮齿的齿宽为 b_1、b_2，设计时应取（　　）。

A. $b_1>b_2$　　　　　　　　　　B. $b_1=b_2$

C. $b_1<b_2$　　　　　　　　　　D. $b_1=b_2+(30\sim50)$ mm

6. 设计齿轮传动时，若保持传动比 i 与齿数和 $z_\Sigma=z_1+z_2$ 不变，而增大模数 m，则齿轮的（　　）。

A. 弯曲强度提高，接触强度提高　　B. 弯曲强度不变，接触强度提高

C. 弯曲强度与接触强度均不变　　　D. 弯曲强度提高，接触强度不变

三、判断题

1. 采用增大齿宽的做法不能提高齿轮传动的齿面接触承载能力。（　　）

2. 为了提高齿轮传动的接触强度，可采取增大传动中心距的方法。（　　）

3. 在设计闭式硬齿面齿轮传动中，直径一定时应取较少的齿数，使模数增大以提高齿面接触强度。（　　）

4. 采用降低齿面粗糙度值的措施，可以降低齿轮传动的齿面载荷分布系数 K_β。（　　）

四、简答题

1. 斜齿轮的正确啮合条件是什么？

2. 如何判断斜齿轮的旋向？

3. 直齿锥齿轮的正确啮合条件是什么？

五、计算题

1. 下图所示的二级斜齿圆柱齿轮减速器，已知：高速级齿轮参数为 $m_n = 2$ mm，$\beta_1 = 13°$，$z_1 = 20$，$z_2 = 60$；低速级齿轮参数为 $m_n' = 2$ mm，$\beta' = 12°$，$z_3 = 20$，$z_4 = 68$；齿轮 4 为左旋转轴；轴Ⅰ的转向如图所示，$n_1 = 960$ r/min，传递功率 $P_1 = 5$ kW，忽略摩擦损失。试求：

（1）轴Ⅱ、Ⅲ的转向（标于图上）。

（2）为使轴Ⅱ的轴承所承受的轴向力小，标出各齿轮的螺旋线方向（标于图上）。

（3）画出齿轮 2、3 所受各分力的方向（标于图上）。

（4）计算齿轮 4 所受各分力的大小。

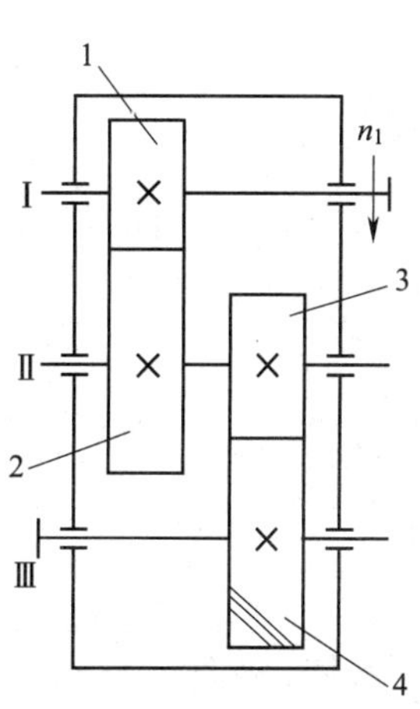

2. 下图所示为直齿锥齿轮-斜齿圆柱齿轮减速器，齿轮 1 为主动齿轮，转向如下图所示。锥齿轮的参数为 $m_n = 2$ mm，$z_1 = 20$，$z_2 = 40$，$\psi_R = 0.3$；斜齿圆柱齿轮的参数为 $m_n = 3$ mm，$z_3 = 20$，$z_4 = 60$。试求：

（1）画出各轴的转向（标于图上）。

（2）为使轴Ⅱ所受轴向力最小，标出齿轮 3、4 的螺旋线方向（标于图上）。

（3）画出轴Ⅱ上齿轮 2、3 所受各力的方向（标于图上）。

（4）若要求使轴Ⅱ上的轴承几乎不承受轴向力，则齿轮 3 的螺旋角应取多大？（忽略摩擦损失）

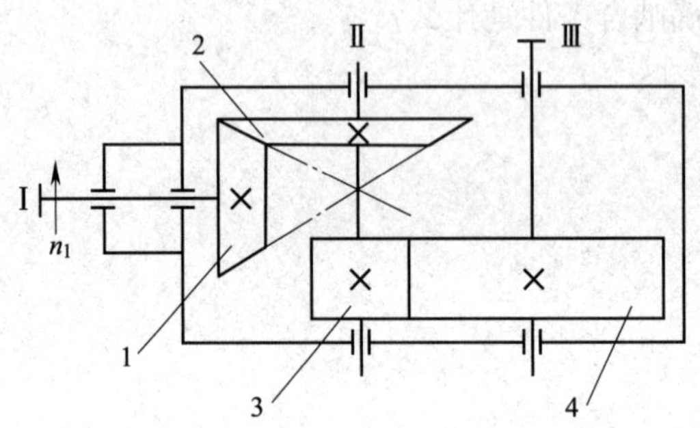

模块四　蜗 杆 传 动

课题一　蜗杆传动的设计

一、填空题

1. 根据蜗杆形状的不同，蜗杆传动可分为________、________和________。

2. 根据垂直于轴线的横截面上蜗杆的齿廓曲线的形状不同，普通圆柱蜗杆可分为________、________和________。

3. 在蜗杆传动中，其主要参数及几何尺寸计算均以________为准。

4. 导程角 γ 的大小直接影响蜗杆的________。导程角大，效率______；导程角小，效率______。当导程角 $\gamma \leqslant$______时，蜗杆传动具有自锁性能。

5. 蜗轮轮齿和斜齿轮相似，齿的旋向与轴线之间的夹角称为________，并用________表示。

6. 蜗杆传动的失效形式有________、________和________。在闭式传动中，蜗轮的主要失效形式是________和________；在开式传动中，蜗轮的主要失效形式是________。

7. 蜗轮材料通常是指蜗轮齿冠部分的材料，主要有________、________、________、和________。蜗杆材料主要有________和________。

8. 根据 GB/T 10089—2018，蜗杆传动规定了____个精度等级，第____级精度最高，第____级精度最低。

9. 由于蜗轮轮齿的齿形比较复杂，要精确计算轮齿的弯曲应力比较困难，通常近似地将蜗轮看作________。

10. 和齿轮传动一样，蜗杆传动的几何尺寸也以________为主要计算参数。

11. 蜗杆分度圆直径 d_1 与模数 m 的比值称为________，用________表示。

12. 圆柱蜗杆分度圆柱螺旋线上任一点的切线与端平面之间所夹的锐角称为________。

13. 为了避免蜗轮出现________现象，保证传动的平稳性，通常取 $z_{2\min} \geqslant 28$。

14. 蜗轮回转方向的判定取决于________和________，可用________定则来判定。

15. 蜗杆传动的受力分析中，齿面上的法向力可分解为________、________和________三个相互垂直的分力。

二、选择题

1. (　　) 应用最为广泛。

A. 圆柱蜗杆传动　　B. 环面蜗杆传动

C. 锥蜗杆传动　　D. 圆弧圆柱蜗杆传动

2. 蜗杆分度圆柱面上的导程角 γ 与蜗轮分度圆柱面上的螺旋角 β 之间的关系是 (　　)。

A. $\gamma>\beta$　　B. $\gamma=\beta$　　C. $\gamma<\beta$　　D. 没有关系

3. 与齿轮传动相比，(　　) 不能作为蜗杆传动的优点。

A. 传动平稳、噪声小　　B. 传动比较大

C. 可产生自锁　　D. 传动效率高

4. 蜗杆直径系数 $q=$ (　　)。

A. d_1/m　　B. d_1m　　C. a/d　　D. a/m

5. 起吊重物用的手动蜗杆传动宜采用 (　　) 的蜗杆。

A. 单头、小导程角　　B. 单头、大导程角

C. 多头、小导程角　　D. 多头、大导程角

6. 蜗杆的常用材料是 (　　)。

A. HT150　　B. ZCuSn10P1

C. 45 钢　　D. GCr15 钢

7. 闭式蜗杆传动的主要失效形式是 (　　)。

A. 蜗杆断裂　　B. 蜗轮轮齿折断

C. 胶合、疲劳点蚀　　D. 磨粒磨损

8. 下图所示蜗轮蜗杆传动的回转方向是 (　　)。

A. 右旋　　B. 左旋

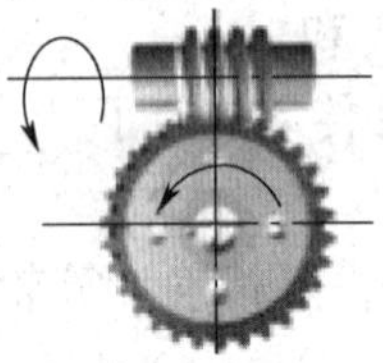

9. 在其他条件相同时，若增加蜗杆头数，则滑动速度 (　　)。

A. 增加　　B. 不变

C. 减小　　D. 可能增加，也可能减小

10. 下列 (　　) 不是蜗杆传动在齿面上的法向力 F_n 的分解力。

A. 圆周力　　B. 轴向力　　C. 径向力　　D. 切向力

11. 蜗杆传动的正确啮合条件中，应除去 (　　)。

A. $m_{a1}=m_{a2}$　　B. $\alpha_{a1}=\alpha_{a2}$

C. $\beta_1=\beta_2$　　D. 螺旋方向相同

12. 计算蜗杆传动比时，下列 (　　) 公式是错误的。

A. $i=w_1/w_2$　　B. $i=n_1/n_2$

C. $i=d_2/d_1$　　D. $i=z_2/z_1$

13. 在蜗杆传动中，轮齿承载能力计算主要是针对（　　）来进行的。

A. 蜗杆齿面接触强度和蜗轮齿根弯曲强度

B. 蜗杆齿根弯曲强度和蜗轮齿面接触强度

C. 蜗杆齿面接触强度和蜗杆齿根弯曲强度

D. 蜗轮齿面接触强度和蜗轮齿根弯曲强度

14. 下列蜗杆直径的计算公式：①$d_1=mq$；②$d_1=mz_1$；③$d_1=d_2/i$；④$d_1=mz_2/(i\cdot\tan\lambda)$；⑤$d_1=2a/i+1$。其中有（　　）个是错误的。

A. 1　　B. 2　　C. 3

D. 4　　E. 5

15. 对蜗杆传动的受力分析，下列公式中（　　）有错误。

A. $F_{t1}=-F_{t2}$　　B. $F_{r1}=-F_{r2}$

C. $F_{t2}=-F_{a1}$　　D. $F_{t1}=-F_{a2}$

16. 提高蜗杆传动效率最有效的方法是（　　）。

A. 增大模数 m　　B. 增加蜗杆头数 z_1

C. 增大直径系数 q　　D. 减小直径系数 q

17. 蜗杆传动中较为理想的材料组合是（　　）。

A. 钢和铸铁　　B. 钢和青铜

C. 铜和铝合金　　D. 钢和钢

18. 蜗杆直径 d_1 的标准化，是为了（　　）。

A. 有利于测量　　B. 有利于蜗杆加工

C. 有利于实现自锁　　D. 有利于蜗轮滚刀的标准化

三、判断题

1. 由于蜗轮和蜗杆之间的相对滑动较大，更容易产生胶合和磨粒磨损。（　　）

2. 在蜗杆传动比 $i=z_2/z_1$ 中，蜗杆头数 z_1 相当于齿数，因此，其分度圆直径 $d_1=z_1m$。（　　）

3. 蜗杆传动的正确啮合条件之一是蜗杆端面模数和蜗轮端面模数相等。（　　）

4. 蜗杆传动的正确啮合条件之一是蜗杆与蜗轮的螺旋角大小相等、方向相同。（　　）

5. 蜗杆传动是齿轮传动的一种特殊形式，蜗杆传动用于传递交错轴之间的运动和动力，通常两轴在空间成45°的交错角。（　　）

6. 当导程角 $\gamma\leqslant 3°30'$时，蜗杆传动具有自锁性能。（　　）

7. 单头蜗杆传动比大、易切削、导程角小、自锁性能好，但其效率低，多用于自锁蜗杆传动或分度传动。（　　）

8. 蜗轮材料主要有碳钢和合金钢。（　　）

9. 蜗杆传动根据 GB/T 10089—2018 规定了 12 个精度等级，第 1 级精度最高，第 12 级精度最低。（　　）

10. 蜗杆传动与齿轮传动一样能够保证准确的传动比，而且可以获得较小的传动比。（　　）

四、简答题

1. 普通圆柱蜗杆传动的主要参数有哪些？

2. 蜗杆传动正确的啮合条件是什么？

3. 在蜗杆传动中，轮齿承载能力的计算主要是针对什么来进行的？

4. 蜗杆传动与齿轮传动的应用有何区别？

5. 什么是蜗轮蜗杆中的中间平面？在此平面内，对阿基米德蜗杆有什么规定？

五、计算题

1. 在蜗杆传动中，初步计算后，取蜗杆模数 $m=8$、头数 $z_1=2$、分度圆直径 $d_1=80$ mm，蜗轮的齿数 $z_2=40$，试计算导程角 γ、蜗杆宽度 b_1、蜗轮分度圆直径 d_2、蜗轮宽度 b_2、蜗杆齿顶圆直径 d_{a1}、中心距 a。

2. 已知蜗轮的旋向如下图所示，蜗杆为主动件，蜗轮输出轮的转动方向如图所示，试在图中标出轮 3、轮 2、轮 1 的转动方向，并在蜗轮蜗杆啮合处标出两者所受圆周切向力、轴向力、径向力的方向。

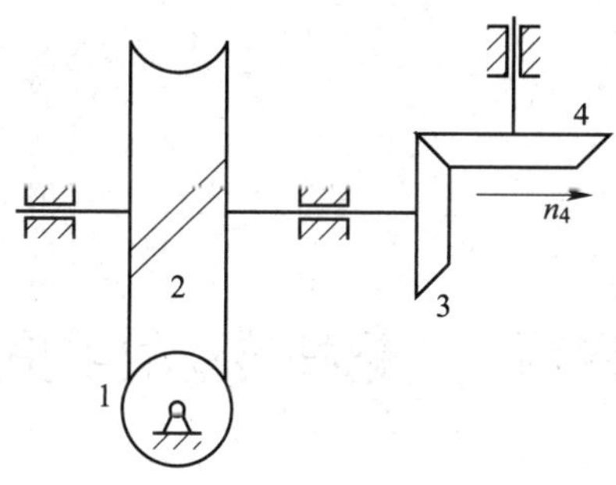

3. 下图所示为一标准蜗杆传动，蜗杆为主动件，螺旋线方向为左旋，转矩 $T_1=25\,000\ \text{N}\cdot\text{mm}$，模数 $m=4$ mm，压力角 $\alpha=20°$，蜗杆头数 $z_1=2$，蜗杆直径系数 $q=10$，蜗轮齿数 $z_2=54$，传动效率 $\eta=0.75$。试确定：

（1）蜗轮 2 的转向及螺旋线方向（在图中标出）。

（2）作用在蜗杆、蜗轮上的各力的大小和方向（在图中标出）。

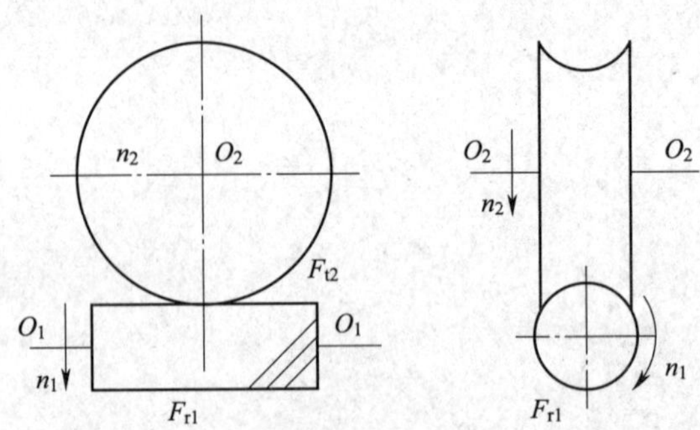

课题二　蜗杆传动的维护

一、填空题

1. 蜗杆传动的润滑方式可根据蜗杆的＿＿＿＿＿＿和＿＿＿＿＿＿选择。

2. 由于蜗杆传动效率低、发热量大，对于连续工作的闭式传动，会使箱体内润滑油温升过高，使润滑失效，导致齿面胶合，所以对连续工作的闭式蜗杆传动要进行＿＿＿＿＿＿计算。

3. 用青铜制造的蜗轮，不允许采用活性＿＿＿＿的极压添加剂，以免腐蚀青铜。

4. 蜗杆传动中损耗的功率为＿＿＿＿＿＿＿＿＿。

5. 蜗杆传动的润滑油工作温度一般应低于＿＿＿＿＿＿＿，最高不超过＿＿＿＿。

6. 蜗杆传动发热计算的目的是防止＿＿＿＿而产生齿面＿＿＿＿失效，热平衡计算的条件是单位时间内＿＿＿＿等于同时间内的＿＿＿＿。

二、选择题

1. 为了提高蜗杆传动的抗胶合性能，宜选用黏度较高的（　　）润滑。

A. 矿物油　　B. 植物油　　C. 动物油　　D. 合成油

2. 用（　　）制造的蜗轮，不允许采用活性大的极压添加剂，以免腐蚀。

A. 灰铸铁　　B. 黄铜　　C. 青铜　　D. 合金

3. 当 $v_s \leq 5$ m/s 时，蜗杆传动的润滑常采用（　　）方式。

A. 压力喷油循环润滑　　B. 蜗杆下置式

C. 蜗杆上置式　　D. 不需要润滑

三、判断题

1. 蜗杆和蜗轮齿廓间相对滑动速度较大，它的摩擦、磨损远比齿轮传动严重，发热量大、传动效率低。（　　）

2. 蜗杆传动一般用黏度较大、油性好的润滑油。（　　）

3. 蜗杆传动效率低、发热量小，不会导致齿面胶合。（　　）

四、简答题

1. 当润滑油的工作温度 t_1 超过允许值或散热面积不足时，应采取什么方法提高散热能力？

2. 蜗杆传动的热平衡条件是什么？

3. 如何选择蜗杆传动的润滑方式？

五、计算题

1. 已知蜗杆传动功率 $P_1 = 3.5\ \text{kW}$，转速 $n_1 = 1\,440\ \text{r/min}$，传动比 $i = 20$，连续工作，单向运转，载荷平衡，试进行热平衡计算。

2. 一单级普通圆柱蜗杆减速器，传递功率 $P = 7.5\ \text{kW}$，传动效率 $\eta = 0.82$，散热面积 $A = 1.2\ \text{m}^2$，表面散热率 $\kappa = 8.15\ \text{W/(m}^2 \cdot ℃)$，环境温度 $t_0 = 20\ ℃$。该减速器能否连续工作？

模块五 轮　系

课题一 定 轴 轮 系

一、填空题

1. 轮系根据各齿轮轴线的位置是否固定，可分为__________和__________两类。

2. 轮系中各个齿轮在运转中轴线位置都是固定不动的，属于_______轮系。而轮系中至少有一个齿轮的轴线不是固定的，称为_______轮系。

3. 定轴轮系根据各轴线是否平行，又可分为__________轮系和__________轮系。

4. 轮系的传动比就是_______与_______的转速之比。

5. 轮系的形式很多，在工程中应用最为广泛的是__________轮系。

6. 下图所示滑移齿轮变速机构输出轴Ⅴ的转速有_____种。

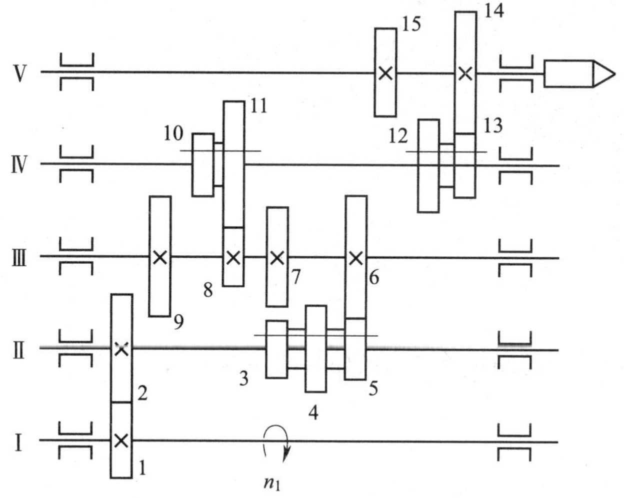

二、判断题

1. 轮系中，各齿轮轴线相互平行的称为定轴轮系。 (　　)
2. 周转轮系能实现变向要求，但不能实现变速要求。 (　　)
3. 定轴轮系能实现变速要求，但不能实现变向要求。 (　　)
4. 采用轮系传动可获得很大的传动比。 (　　)
5. 轮系传动能实现汽车转弯时两后轮转速不同的需要。 (　　)

三、简答题

1. 什么是轮系？什么是定轴轮系？如何区分定轴轮系与周转轮系？

2. 什么是惰轮？它对轮系传动比的计算有什么影响？

3. 在定轴轮系中，如何确定首、末两轮转向间的关系？

四、计算题

1. 下图所示的定轴轮系中，已知 $z_1 = 30$，$z_2 = 45$，$z_3 = 20$，$z_4 = 48$。试求轮系传动比 i，并用箭头在图上标明各齿轮的回转方向。

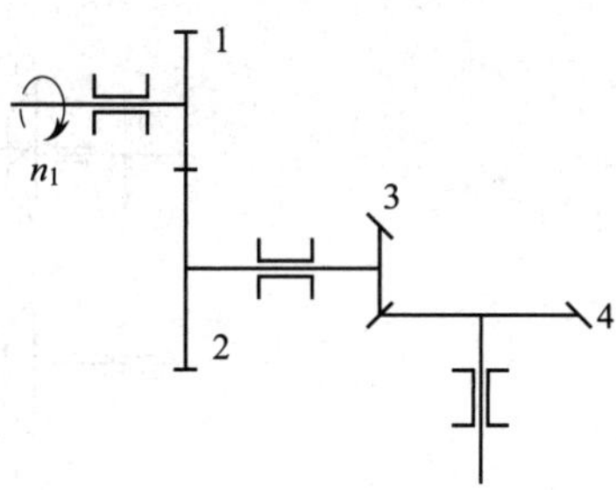

2. 下图所示轮系，已知 $z_1 = 24$，$z_2 = 28$，$z_3 = 20$，$z_4 = 60$，$z_5 = 20$，$z_6 = 20$，$z_7 = 28$，求轮系的传动比 i_{17}。若 n_1 的转向已知，试判定轮 7 的转向（标在图中）。

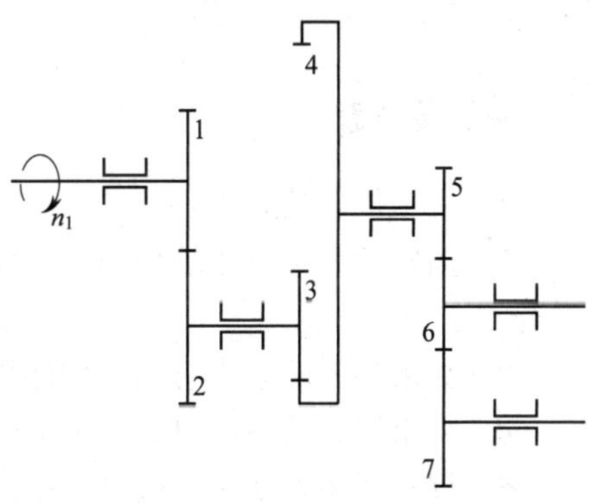

3. 下图所示的定轴轮系中，已知 $n_1 = 1\ 000$ r/min，$z_1 = z_3 = z_6 = 20$，$z_2 = z_7 = 40$，$z_4 = z_5 = 30$。

(1) 求图示位置工作台的运动速度。

(2) 说明 z_{4-5} 双联滑移锥齿轮在该轮系中的作用，并在图上标出工作台的运动方向。

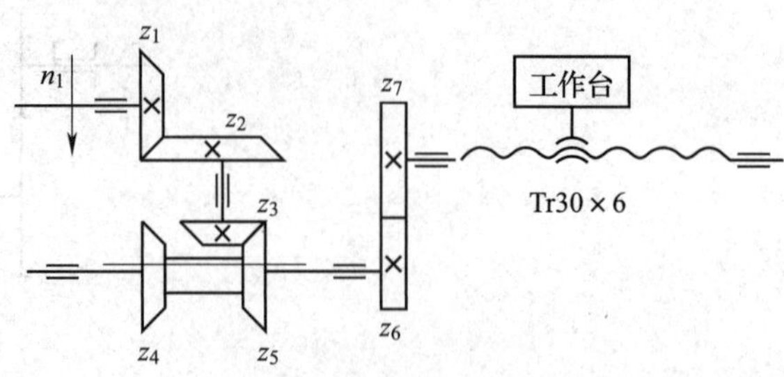

课题二　周 转 轮 系

一、填空题

1. 一个周转轮系由________、________和________三种基本构件组成。

2. 周转轮系可以用较少的齿轮和紧凑的结构得到很大的__________，质量较小，并且具有__________、__________、__________、__________等优点。

3. 如果周转轮系中有两个构件具有独立的运动规律（两个主动件），则称为________。

4. 如果周转轮系中只有一个构件为主动件，则称为__________。

5. 周转轮系在实际机械中采用最多的是________________________型周转轮系，它是由________________________和________________________组成的。

二、判断题

1. 在周转轮系中，中心轮和行星架的运转轴线必须重合。（　　）

2. 在行星轮系中，有一个中心轮的转速为零。（　　）

3. 在差动轮系中，中心轮的转速都为零。（　　）

4. 周转轮系在各类机械设备中应用广泛，常用作大速比的减速器。（　　）

5. 周转轮系可把一个转动分解为两个转动。（　　）

6. 周转轮系可把两个转动合成为一个转动。 (　　)

三、简答题

1. 周转轮系分为哪两种？它们的主要区别是什么？

2. 什么是转化轮系？

3. 如何计算行星轮系的传动比？

四、计算题

下图所示的行星减速器中，已知 $n_3 = 2\ 400$ r/min，$z_1 = 105$，$z_3 = 135$，试求系杆 H 的转速 n_H。

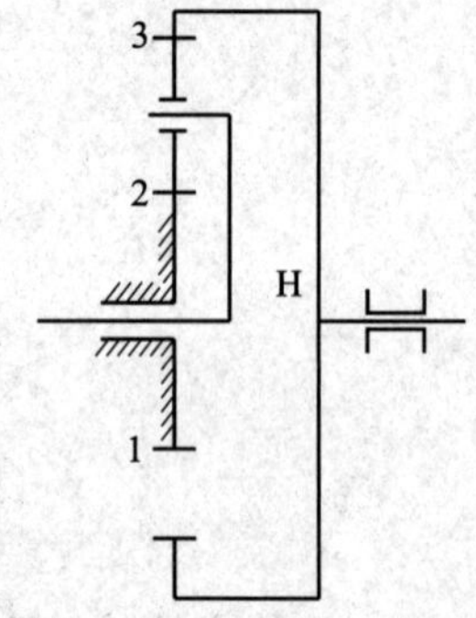

模块六　轴系零部件

课题一　轴

一、填空题

1. 轴的主要功用是支承____________，并传递________和________。

2. 按照所受载荷的不同，轴可分为________、________、________三类。

3. 轴上需磨削的部分应有______________，车制螺纹的部分应有____________。

4. 一般机器中的轴多选用优质中碳钢制造，其中________钢最常用。

5. 轴上安装轴承的部分称为________，安装其他回转零件的部分称为________。

6. 为了保证零件在轴上具有确定的工作位置并能与轴连接为一体，轴上零件既要____________，又要____________。

7. 为了可靠地传递运动和动力，防止轴上零件与轴发生__________，常采用________、____________或____________等方式对轴上零件进行周向固定。

8. 当量弯矩公式 $M_e=\sqrt{M^2+(\alpha T)^2}$ 中，α 称为___________________。当转矩不变时取 $\alpha=$______，转矩为脉动循环变化时取 $\alpha=$______，转矩为对称循环变化时取 $\alpha=$______。

9. 轴的常用材料主要有____________、____________、____________等。

二、判断题

1. 只受弯矩而不受转矩的轴称为转轴。（　　）

2. 在一般工作温度下，为了提高轴的刚度，可用合金钢代替碳素钢。（　　）

3. 轴上截面尺寸发生变化的阶梯部位称为轴肩或轴环。（　　）

4. 为减小应力集中，相邻轴段的直径变化不应过大，用圆角过渡且圆角半径不宜过小。（　　）

5. 为了保证零件定位可靠，定位轴肩或轴环处的过渡圆角半径可以大于相配合零件的圆角半径或倒角。（　　）

6. 在用套筒、圆螺母、弹性挡圈等作轴向固定时，应把与零件配合的轴段长度做得比零件轮毂略短 2~3 mm。（　　）

7. 为加工和装配方便，轴上的键槽应设计在同一加工直线上，并尽可能采用同一规格的键槽截面尺寸。（　　）

8. 同一轴上所有圆角半径、倒角尺寸、退刀槽宽度应尽可能统一。（　　）

9. 轴肩或轴环常用于齿轮、带轮、轴承等零件的定位，应用最广。（　　）

10. 紧定螺钉用于承受轴向力较小或不受轴向力的场合，可用于高速场合。（　　）

三、选择题

1. 内燃机的曲轴和凸轮轴因外形较复杂，常用（　　）制造。

A. 碳素钢　　B. 合金钢　　C. 球墨铸铁

2. 火车轮轴属于（　　），自行车前轮轴属于（　　）。

A. 转动心轴　　B. 固定心轴　　C. 转轴

3. 用于高温、低温及强腐蚀条件下工作的轴可选用（　　）。

A. 38SiMnMo　　B. 40Cr　　C. 1Cr18Ni9Ti

4.（　　）多用于轴上两零件近距离的相对固定，但轴的转速很高时不宜采用。

A. 套筒　　B. 轴肩和轴环　　C. 弹性挡圈

5. 常用于轴的中部或端部，可承受较大的轴向力，但对轴的强度削弱较大的周向固定的零件是（　　）。

A. 套筒　　B. 轴肩和轴环　　C. 圆螺母

6. 常用于轴的端部，装拆方便，适用于高速、冲击及对中性要求较高的场合，可同时周向固定和轴向固定的零件是（　　）。

A. 圆锥形轴头　　B. 轴肩和轴环　　C. 圆螺母

7. 既受弯矩又受转矩的轴称为（　　）。

A. 心轴　　B. 转轴　　C. 传动轴

8. 只受转矩而不受弯矩或所受弯矩很小的轴称为（　　）。

A. 心轴　　B. 转轴　　C. 传动轴

四、简答题

1. 轴的结构设计应满足哪些条件？

2. 指出下图中轴的结构有哪些错误和不合理的地方，并说明改正方法。

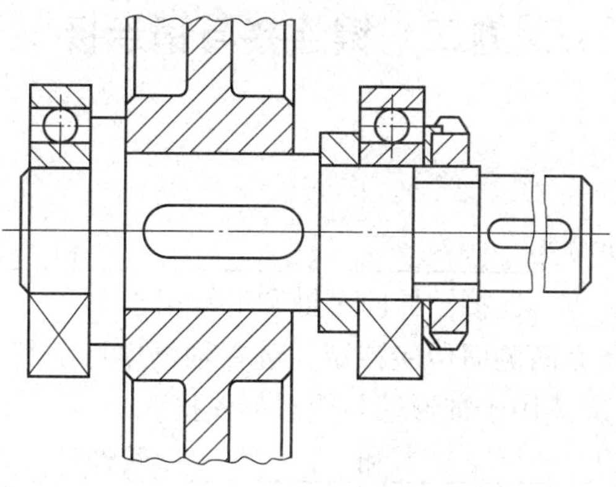

五、计算题

下图所示的单级斜齿圆柱齿轮减速器中，已知传递的功率 $P=30$ kW，从动轴 2 采用 45 钢正火处理，转速 $n_2=957$ r/min，试估算输出轴轴径 d_2。

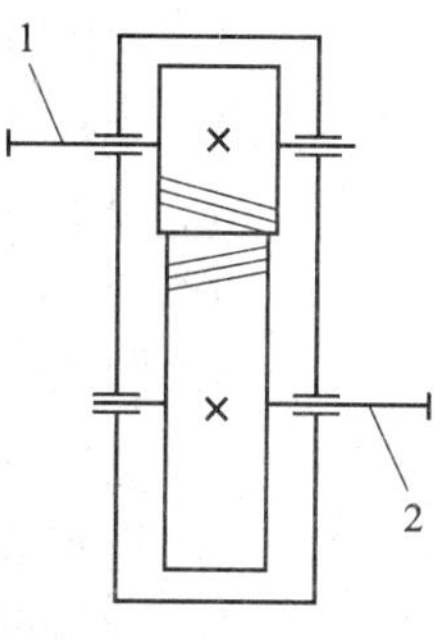

课题二　键连接与销连接

一、填空题

1. 平键按用途不同可分为__________、__________和__________三种。

2. 普通平键用于_______连接，导向平键和滑键用于_______连接。

3. __________连接靠两侧面传递转矩，键在轴槽中可绕其几何中心摆动，能自动适应轮毂上键槽的斜度，尤其适用于锥形轴与轮毂的连接。

4. 花键按齿形可分为__________和__________两种。

5. 销根据作用不同可分为__________、__________和__________等。

6. __________用于确定零件之间的相对位置，一般成对使用。

7. 平键的截面尺寸根据轴的_______从标准中选定，键的长度一般应等于或略小于_______的长度，并符合标准规定的长度系列。

8. 普通平键为静连接，主要失效形式是工作面被_______；而导向平键、滑键为动连接，主要失效形式是工作面的__________。

9. 当单键强度不够时，可适当增加轮毂及键的长度，或采用双键按_______对称布置，并在强度计算中按_______个键进行计算。

10. 平键的工作表面是__________，楔键的工作表面是__________。

11. 连接销在工作时主要受挤压和剪切，可按__________强度进行校核。

二、选择题

1. 以键的两侧面为工作面的是（　　）。
   A. 平键连接　　B. 切向键连接　　C. 楔键连接

2. 下列不属于平键连接特点的是（　　）。
   A. 装拆方便，对中性较好
   B. 能对轴上零件实现轴向固定
   C. 用于传动精度要求较高的场合

3. 平键中应用最广的是（　　）。
   A. 圆头平键　　B. 方头平键　　C. 单圆头平键

4. （　　）的轴槽用端铣刀加工，键在槽中固定良好，其应用最广。
   A. 单圆头平键　　B. 圆头平键　　C. 方头平键

5. 双向传动需用两个切向键，并分布成（　　）安装。
   A. $90° \sim 120°$　　B. $120° \sim 135°$　　C. $150° \sim 180°$

6. 定位销的数目一般是（　　）个。
   A. 1　　B. 2　　C. 3

7. （　　）一般靠过盈配合固定在销孔中，多次装拆后精度会降低，故只适用于不经常拆卸的场合。

A. 圆柱销　　B. 圆锥销　　C. 开口销

8. GB/T 1096　键 16×10×100 的标记中，16×100 表示（　　）。

A. 键高×键宽×键长　　B. 键宽×键高×键长　　C. 键高×键宽×轴径

9. 在选定平键的类型和尺寸后，对于重要的键应进行（　　）校核验算。

A. 挤压强度　　B. 剪切强度　　C. 弯曲强度

三、判断题

1. 方头平键键槽用盘形铣刀加工，轴的应力集中小。（　　）
2. 单圆头平键只用于轴端。（　　）
3. 键和销都是标准件。（　　）
4. 键的工作表面都是两侧面。（　　）
5. 楔键的上表面和轮毂槽的底面各有 1∶50 的斜度。（　　）
6. 圆锥销和销孔均有 1∶50 的锥度。（　　）
7. 渐开线花键的齿廓是渐开线，受载时齿上有径向分力，能起自动定心作用。（　　）
8. 矩形花键加工容易，承载能力高，应力集中较小，应用广泛。（　　）
9. 单键强度不够时可适当增加轮毂及键的长度，或采用双键按 180°对称布置。（　　）
10. 定位销用于确定零件之间的相对位置，一般成对使用。（　　）

四、计算题

已知轴和带轮的材料分别为钢和铸铁，配合处的轴径 $d=60$ mm，轮毂长度 $l=80$ mm，传递的转矩 $T=500$ N · m，载荷性质为静载荷。若选择 A 型普通平键，试确定键的规格和键槽尺寸。

课题三　联轴器与离合器

一、填空题

1. 按照能否补偿轴线的相对位移，联轴器可分为____________和____________两种。
2. 牙嵌式离合器的齿形有____________、____________和____________三种。
3. 常用离合器有_______________和________________两种。
4. ________________用于相交轴间的连接，或有较大角位移的场合，一般应成对使用。

二、选择题

1. （　　）适用于载荷平稳、两轴严格对中的场合，可传递较大转矩，但不能缓冲和减振。

A. 滑块联轴器　　B. 齿式联轴器　　C. 凸缘联轴器

2. 径向尺寸小，工作时产生较大离心力，常用于径向偏移较大、传递转矩较大的低速无冲击场合的是（　　）。

A. 滑块联轴器　　B. 齿式联轴器　　C. 凸缘联轴器

3. （　　）能补偿两轴综合偏移，传递较大转矩，适用于高速、重载、正反转频繁的场合。

A. 滑块联轴器　　B. 齿式联轴器　　C. 凸缘联轴器

4. （　　）适用于载荷平稳、正反转启动频繁、转速高的中小功率场合。

A. 滑块联轴器　　B. 弹性套柱销联轴器　　C. 万向联轴器

三、判断题

1. 牙嵌式离合器结构简单，外廓尺寸小，在接合时有刚性冲击，适用于低速或停机时接合。（　　）
2. 摩擦式离合器结构简单，接合平稳，有过载保护作用，适用于在高速下接合为主、传动要求不严的场合。（　　）
3. 载荷平稳、两轴能精确对中且轴的刚度较大时，可选用凸缘联轴器。（　　）
4. 载荷不平稳、两轴对中困难，轴的刚度较差时，可选用挠性联轴器。（　　）
5. 两轴轴线要求有一定夹角时，可选用万向联轴器。（　　）
6. 联轴器既可连接两轴以传递运动和动力，又能根据工作需要随时使主、从两轴接合或分离。（　　）
7. 凸缘联轴器属于刚性联轴器，不能补偿两轴间的相对位移。（　　）
8. 齿式联轴器能够传递较大的转矩，但结构复杂，成本较高，适用于高速、重载、正反转频繁的场合。（　　）

四、简答题

1. 联轴器和离合器在功用上有哪些异同点？

2. 简述联轴器的常见类型。

模块七 轴　承

课题一 滑 动 轴 承

一、填空题

1. 按照承受载荷的方向不同，轴承可分为________________和________________两类。轴承上的反作用力与轴的轴线垂直的称为________________，与轴线方向一致的称为________________。根据轴承工作的摩擦性质，轴承又可分为________________和________________两类。

2. 滑动轴承的轴瓦结构可分为________________和________________两种。

3. 止推滑动轴承按轴颈支承面的形式不同，可分为________________、________________、________________三种。

4. 常用的轴瓦（轴套）材料有铸铁、________________、铸锌铝合金、铸锡基轴承合金、铸铅基轴承合金、铁质陶瓷、________________、橡胶等。

5. 轴承润滑的主要目的是减少__________和__________，以提高轴承的工作能力和__________，同时起冷却、防尘、防锈和吸振作用。

6. 手工加油润滑方法简单，属于________，适用于轻载、________和不重要的场合。

7. 润滑脂是由润滑油、稠化剂等制成的膏状润滑材料。润滑脂流动性小、不易流失，因此轴承的密封__________，润滑脂需经常补充；但其内摩擦因数__________、效率较低，不宜用于__________的轴承。

8. 通常滑动轴承的润滑油工作温度不得高于__________。为了保证润滑油充足、润滑可靠，要及时或定期检查__________，使其保持在规定的范围内。

二、判断题

1. 整体式滑动轴承最常用的轴承座材料为铸铁。（　　）

2. 宽径比的大小对轴承的磨损有很小的影响。（　　）

3. 尼龙轴承的自润性、耐腐蚀性、耐磨性、减振性都较好，但导热性不好，吸水性大，线膨胀系数大，尺寸稳定性不好，适用于速度不高或散热条件好的场合。（　　）

4. 非金属轴瓦材料以塑料用得最多，其优点是摩擦因数小，可以承受冲击载荷，可塑性、跑合性良好，耐磨、耐腐蚀，可用水、油及化学溶液润滑。（　　）

5. 润滑脂的内摩擦因数小、流动性好，是滑动轴承中应用最广的一种润滑剂。（　　）

6. 飞溅润滑适用于转速为500~3 000 r/min且水平放置的轴。（　　）

7. 滑动轴承安装要保证轴颈在轴承孔内转动灵活、准确、平稳。由于滑动轴承的维护

比较麻烦，所以在安装时要保证轴承的安装完全正确，轴承可以正常运行。（　　）

8. 压力循环润滑装置复杂、成本高，适用于低速、重载或变载的重要轴承。（　　）

三、简答题

1. 滑动轴承润滑的目的是什么？常用的润滑方式有哪些？

2. 整体式滑动轴承有哪些特点？

3. 对轴承材料的基本要求有哪些？

4. 飞溅润滑有什么特点？适用于什么场合？

5. 如何解决滑动轴承的漏油问题？

四、计算题

试设计一蜗轮轴上的滑动轴承，确定滑动轴承的类型、材料、结构和润滑方法。已知：该轴承的轴颈直径 $d=120$ mm，轴承宽度 $B=72$ mm，承受径向平均载荷 $P=45\ 000$ N，最大载荷 $P_{max}=49\ 500$ N，轴在正常工作时的转速 $n=450$ r/min，工作温度区间为 5~90 ℃，非间歇性工作，不承受弯曲变形。轴颈硬度值经淬火后达到220HBW。

课题二　滚 动 轴 承

一、填空题

1. 滚动轴承一般由内圈、外圈、__________和保持架组成。

2. 轴承代号由__________、前置代号和后置代号三部分构成。

3. 基本代号表示滚动轴承的__________、结构和尺寸。

4. 滚动轴承的主要失效形式有_________、磨粒磨损及_________、断裂、_________及其他。

5. 轴承的组合结构设计包括________________________、轴承与相关零件的配合、____________________、提高轴承系统的刚度。

6. 一般来说，尺寸大、载荷大、振动大、转速高或工作温度高等情况下应选__________一些的配合，而需要经常拆卸或游动套圈则采用__________的配合。

7. 滚动轴承的润滑材料有__________、润滑脂和__________。

8. 脂润滑轴承在低速、工作温度65 ℃以下时可选用______________，较高温度时选用钠基脂或钙钠基脂；高速或载荷工况复杂时可选用______________；潮湿环境下可选用________________或__________，而不宜选用遇水分解的钠基脂。

9. __________是轴承系统的重要设计环节之一，主要是防止润滑剂中的脂或油泄漏，而且还要防止有害异物从外部侵入轴承内。

10. 滚动轴承安装得正确与否，对其使用寿命及主机精度有着直接的影响。如果安装不当，轴承不仅有振动，噪声大，__________，温升递增大，而且还有________________的危险；反之，安装得好，不仅能保证精度，使用寿命也会大大延长。因此，轴承安装之后，必须进行__________。

11. 对于对开式轴承座，要求轴承盖和轴承底座接合面处与外座圈的________________之间，应留出________________mm的间隙，以防止外座两侧“瓦口”处出现“夹帮”现象导致的间隙减小，__________加快，使轴承过早损坏。

12. 滚动轴承在装配时，轴承和轴径或轴承座孔的过盈较小时，多采用__________装配；若其与轴径的过盈较大，一般采用__________装配。

二、判断题

1. 为防止疲劳点蚀现象的发生，滚动轴承应按额定动载荷进行寿命计算。（　　）

2. 低速转动的轴承，可能因润滑不良等原因引起磨损甚至胶合。因此，除进行寿命计算外，还要校核极限转速。（　　）

3. 对非低速转动的轴承，若承受的载荷变化太大时，在按使用寿命计算选择出轴承型号后，还应按静载荷能力进行验算。（　　）

4. 为保证滚动轴承轴系能正常传递轴向力且不发生窜动，在轴上零件定位固定的基础上，必须合理地设计轴系支点的轴向固定结构。（　　）

5. 轴承在轴上一般用轴肩或套筒定位，定位端面与轴线应保持良好的垂直度。(　　)

6. 滚动轴承是标准组件，所以与相关零件配合时其内孔和外圆分别是基准孔和基准轴，在配合中一定要标注。(　　)

7. 滚动轴承润滑剂的选择主要取决于速度、载荷、温度等工作条件。(　　)

8. 非接触式密封只能用在线速度较低的场合。(　　)

9. 通常情况下，如轴承内圈为圆锥孔，则在圆锥面上的轴向移动量大约是径向游隙缩小量的 15 倍。(　　)

10. 滚动轴承的间隙分为径向间隙和轴向间隙，其功用是保证滚动体的正常运转和润滑以及补偿热伸长。(　　)

三、简答题

1. 滚动轴承支承端结构形式有哪几种？

2. 轴承的组合结构设计包括哪些内容？

3. 滚动轴承为什么要进行密封？

4. 滚动轴承安装环境的维护与保养包括哪些内容？

5. 滚动轴承为什么要进行防尘保护？

四、计算题

根据工作条件，某机械传动装置中轴的两端各采用一个深沟球轴承支承，轴颈 $d=65$ mm，转速 $n=1\ 250$ r/min，每个轴承径向载荷 $F_r=5\ 400$ N，轴向载荷 $F_a=2\ 381$ N，常温下工作，载荷平稳，预期使用寿命为 6 000 h，试选择轴承型号。

模块八　回转体的平衡

课题一　回转体的静平衡

一、填空题

1. 机械平衡分为两类：__________和__________。回转体的平衡又可分为__________和__________。

2. 机械设备中有许多绕轴线做旋转运动的零部件，如__________、__________、__________、__________等，这些做旋转运动的零部件，可统称为__________或__________。

3. 有些转子在旋转时没有变形或变形很小，可忽略不计，称之为__________。有些转子在旋转时变形较大而不能忽略不计，称之为__________。

4. 在理想状态下，回转体旋转与不旋转时，对轴及轴承产生的压力是相同的，这样的回转体称为__________。

5. 若一回转体以角速度 ω 等速回转，设其偏心质量为 m，总重心的偏心距为 e，则回转时产生的离心力为__________。

6. 回转体由于其本身几何形状对回转轴不对称或加工制造和安装的误差以及材料质地的不均匀等原因，均可导致回转体转动时产生__________，造成回转体不平衡。

二、判断题

1. 离心惯性力的大小与回转体的质量成正比，与偏心距成反比。（　）

2. 如果回转体的质量和偏心距不大，那么即使在高速运转情况下，它产生的离心惯性力也不大。（　）

3. 在实际生产中，由于质量均匀的轮子是没有的，因此用计算的方法是不可能完全实现平衡的。（　）

4. 因材质不均匀和制造、装配偏差等原因而引起的不平衡，只能采用试验的方法加以平衡。（　）

三、简答题

1. 回转体的平衡分为哪几类？回转体平衡的目的是什么？

2. 什么叫静不平衡？静不平衡产生的原因是什么？对机械运动有什么影响？

四、计算题

1. 一盘形转子，其质量为 5 kg，偏心距为 10 mm，转速为 9 000 r/min，求转子回转时的离心力。

2. 下图所示的盘状滚子上有两个不平衡质量 $m_1=0.5$ kg，$m_2=0.1$ kg，其回转半径 $r_1=300$ mm，$r_2=200$ mm，方位如下图所示，试求需要挖去质量块的大小和方位（设挖去质量处半径 $r_b=400$ mm）。

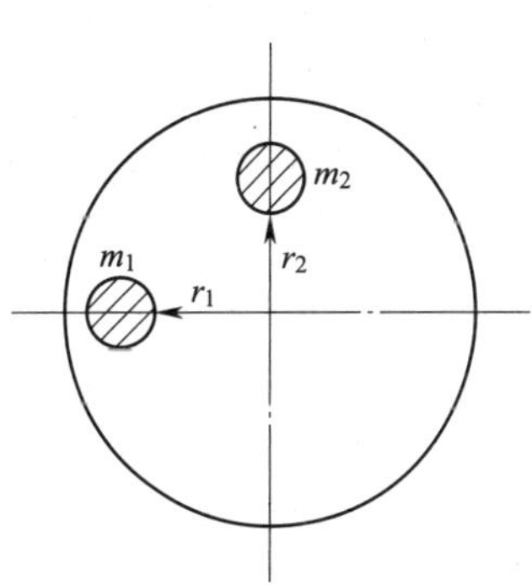

课题二　回转体的动平衡

一、填空题

1. 研究回转体平衡的目的是部分或完全消除构件在运动时所产生的____________力，减小或消除在机构各运动副中所引起的____________力，减轻有害的机械振动，改善机械工作性能和延长使用寿命。

2. 动平衡了的刚性回转构件____________静平衡条件。

3. 对于绕固定轴回转的构件，可采用____________或____________的方法，使构件上所有质量的惯性力形成平衡力系，达到回转构件的平衡。

4. 对于回转体的平衡试验，一般利用________________________进行静平衡试验，利用________________进行动平衡试验。

5. 与静平衡一样，由于材质的不均匀及制造和安装所引起的动不平衡问题，还必须经过____________才能解决。

6. 回转体的动平衡除了使回转体在运转时________________________________在理论上等于零以外，还要使其____等于零，方可达到平衡。

二、选择题

1. 回转体平衡研究的内容是（　　）。

   A. 驱动力与阻力之间的平衡　　B. 各构件作用力之间的平衡

   C. 惯性力系之间的平衡　　D. 输入功率与输出功率之间的平衡

2. 对于轴向尺寸与径向尺寸之比小于 0.2 的转子，其质量可近似视为分布在与轴线垂直的同一平面内，一般进行（　　）计算；对于轴向尺寸与径向尺寸之比大于 0.2 的转子，其偏心质量很可能分布在几个不同的回转平面上，需进行（　　）计算。

   A. 静平衡　　B. 动平衡

   C. 静不平衡　　D. 动不平衡

3. 静平衡的条件是（　　），动平衡的条件是（　　）。

   A. $m_e = \sum m_i r_i + m_b r_b = 0$　　B. $m'_b r'_b + \sum m'_i r'_i = 0$

   C. $m''_b r''_b + \sum m''_i r''_i = 0$

三、判断题

1. 不论刚性转子上有多少个不平衡量，也不论它们经过如何分布，只需在任意选定的两个平衡平面内，分别适当地加一平衡质量，即可达到动平衡。（　　）

2. 经过平衡设计后的刚性转子，可以不进行平衡试验。（　　）

3. 对于机构惯性力的合力与合力偶，通常只能做到部分平衡。（　　）

4. 在转子进行静平衡后，不需要再进行动平衡。（　　）

四、简答题

1. 什么是静平衡？什么是动平衡？两者之间有什么关系？

2. 什么是动不平衡？产生动不平衡的原因是什么？

五、计算题

1. 下图所示转子沿轴向有两个偏心质量，其质量和所在位置分别为：$m_1=10$ kg，$m_2=20$ kg，$r_1=r_2=100$ mm，方位如图所示，$\alpha_{12}=90°$（m_1、m_2 对称位于轴 x 的两侧）。若选择转子的两个端面Ⅰ和Ⅱ为平衡校正平面，两平衡质量的回转半径 $r_{b\text{Ⅰ}}=r_{b\text{Ⅱ}}=120$ mm，试求两平衡质量的大小及方位角。

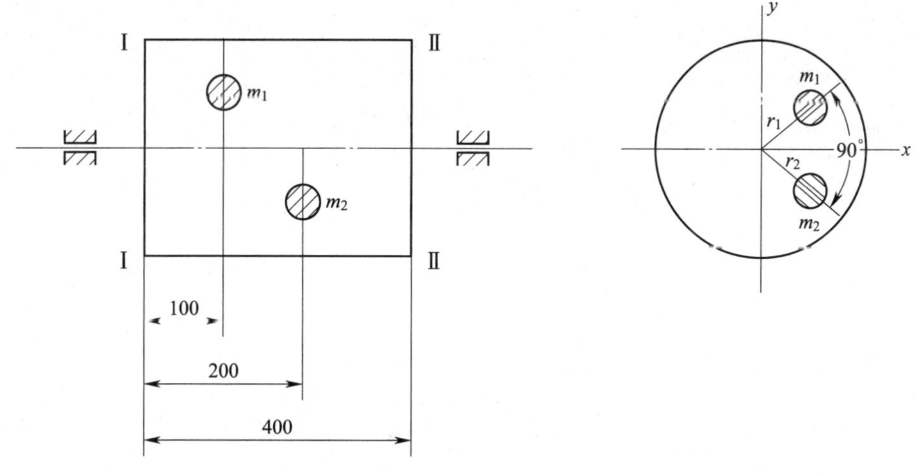

2. 下图所示的回转体中，三个偏心质量 $m_1 = 10$ kg，$m_2 = 20$ kg，$m_3 = 30$ kg，偏心距 $r_1 = r_2 = r_3 = 150$ mm，方位如图所示。若取Ⅰ、Ⅱ为平衡基面，平衡质量的偏心距 $r_{bⅠ} = r_{bⅡ} = 180$ mm，试求两平衡质量 $m_{bⅠ}$ 和 $m_{bⅡ}$ 的大小及方位角。

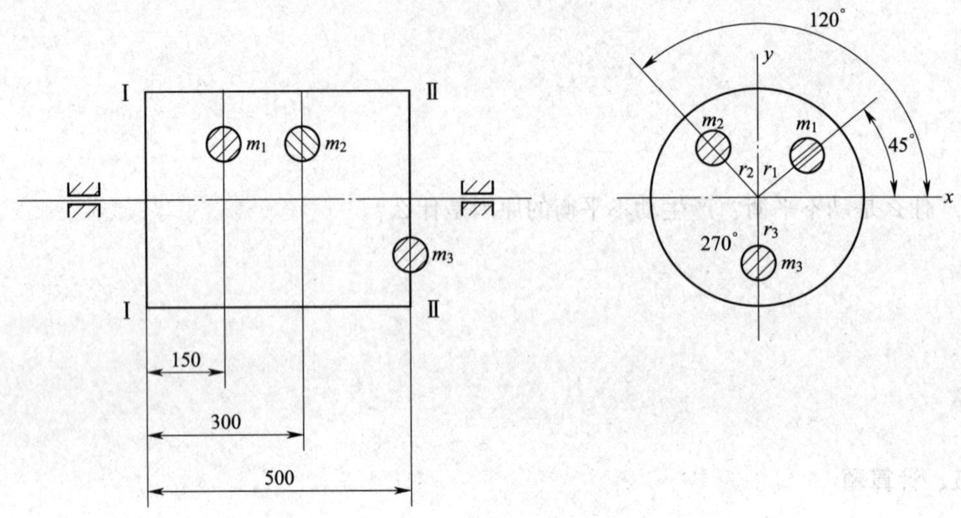

模块九　平面连杆机构

课题一　铰链四杆机构

一、填空题

1. 平面连杆机构是由一些刚性构件用________________连接而形成的在________________的平面内运动的机构。

2. 铰链四杆机构的基本类型有__________机构、__________机构和__________机构。

3. 铰链四杆机构一般是由__________、__________和__________组成的。

4. 曲柄滑块机构是指具有__________的平面四杆机构，它是由__________演化而来，是将构件__________演化为__________。

5. 导杆机构是__________________________为导杆的平面四杆机构，导杆是机构中__________________________的构件。

6. 飞机的起落架收放机构采用的是__________________________机构。

二、选择题

1. 双摇杆机构是指两连架杆均能（　　）。
   A. 整周转动　　B. 往复摆动　　C. 固定不动

2. 下图所示的筛子应用的是（　　）。 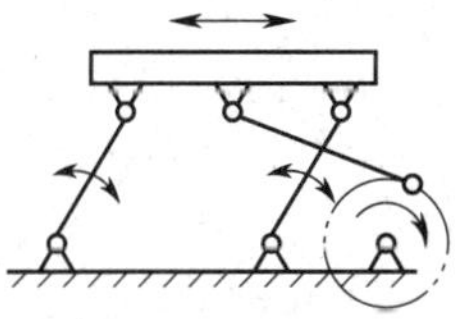
   A. 曲柄摇杆机构　　B. 双摇杆机构　　C. 双曲柄机构

3. 下图所示的压力机应用的是（　　）。 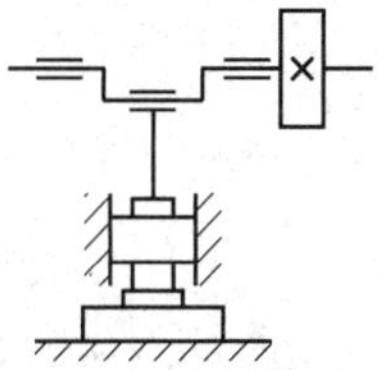
   A. 曲柄摇块机构　　B. 曲柄滑块机构　　C. 移动导杆机构

4. 对于双摇杆机构，如取不同构件为机架，（　　）使其成为曲柄摇杆机构。

A．一定　　　　B．有可能　　　　C．不能

5．牛头刨床刨削运动机构采用的是（　　）。

A．摆动导杆机构　　　　B．转动导杆机构　　　　C．移动导杆机构

6．在车门启闭机构中应用的机构是（　　）。

A．平行双曲柄机构　　　　B．反向双曲柄机构　　　　C．双摇杆机构

三、判断题

1．铰链四杆机构是由一些杆状构件通过转动副连接而成的。（　　）

2．在铰链四杆机构中，能绕铰链中心回转 360°的杆件称为曲柄。（　　）

3．雷达的俯仰机构采用了双摇杆机构。（　　）

4．曲柄摇杆机构指的是具有一个曲柄和一个摇杆的铰链四杆机构。（　　）

5．在手动抽水机中应用的是移动导杆机构。（　　）

6．挖土机的铲斗机构中应用了双曲柄机构。（　　）

四、简答题

1．什么是双曲柄机构？它有哪些类型？有何运动特点？

2．分别以曲柄滑块机构的各构件为固定件时，可演化成哪些机构？画出它们的机构简图，并说明各自的运动特点。

3．什么是曲柄摇杆机构？它有什么运动特点？举例说明。

4. 什么是双摇杆机构？它有什么运动特点？举例说明。

课题二　平面连杆机构的设计

一、填空题

1. 在平面四杆机构中，常用的方法是利用________________或________________，依靠其__________作用通过死点位置。

2. 在铰链四杆机构中，当最短杆和最长杆的长度之和大于其他两杆长度之和时，只能获得________________机构。

3. 通常用行程速比系数来表述____________________。

4. 机构有无急回特性取决于____________或____________。

5. 铰链四杆机构中无曲柄存在时，则不论以哪一杆为机架，均可得____________机构。

6. 缝纫机在实现连续运动中是靠____来通过死点位置的。

二、选择题

1. 为使机构具有急回运动，要求行程速比系数（　　）。

A. $K=1$　　B. $K>1$　　C. $K<1$

2. 铰链四杆机构中有两个构件长度相等且最短，其余构件长度不同，若取一个最短构件作机架，则会得到（　　）机构。

A. 曲柄摇杆　　B. 双曲柄　　C. 双摇杆

3. 双曲柄机构（　　）死点位置。

A. 存在　　B. 可能存在　　C. 不存在

4. 对于双摇杆机构，其连杆（　　）做整周运动。

A. 一定　　B. 有可能　　C. 不能

5. 在曲柄摇杆机构中，当摇杆为主动件，且（　　）处于共线位置时，机构处于死点位置。

A. 曲柄与机架　　B. 曲柄与连杆　　C. 连杆与摇杆

6. 曲柄摇杆机构中，曲柄回转一周，摇杆往复摆动的两极限位置之间的夹角称为摇杆的（　　）。

A. 极位夹角　　B. 摆角　　C. 转角

三、判断题

1. 任何一种曲柄滑块机构，当曲柄为原动件时，它的行程速比系数 $K=1$。 ( )

2. 在铰链四杆机构中，凡是双曲柄机构，其杆长关系必须满足：最短杆与最长杆杆长之和大于其他两杆杆长之和。 ( )

3. 牛头刨床的刨削机构不存在急回特性。 ( )

4. 在铰链四杆机构中若存在曲柄，则曲柄一定为最短杆。 ( )

5. 曲柄摇杆机构只能将回转运动转换为往复摆动。 ( )

6. 双摇杆机构中的连杆只能摆动。 ( )

7. 对于传动机构，死点位置的运动方向不确定。 ( )

四、简答题

1. 在铰链四杆机构中，曲柄存在的条件是什么？在曲柄存在的情况下，如何获得铰链四杆机构的三种基本类型？

2. 什么是死点位置？死点位置在工程实际中有何具体应用？

3. 什么是机构的急回特性？急回特性的相对程度用什么来衡量？写出其表达式。

五、计算题

1. 下图所示的四杆机构中，各杆长度为 $AB = 25$ mm，$BC = 90$ mm，$CD = 75$ mm，$AD = 100$ mm，试问：

（1）若杆 AB 是机构的主动件，AD 为机架，该机构是什么类型的机构？

（2）若杆 BC 是机构的主动件，AB 为机架，该机构是什么类型的机构？

（3）若杆 BC 是机构的主动件，CD 为机架，该机构是什么类型的机构？

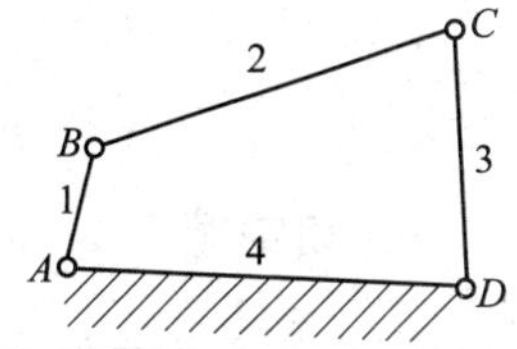

2. 下图所示铰链四杆机构中，已知 $L_{BC} = 50$ mm，$L_{CD} = 35$ mm，$L_{AD} = 30$ mm，AD 为机架，试计算：

（1）若此机构为曲柄摇杆机构，且 AB 为曲柄，求 L_{AB} 的最大值。

（2）若此机构为双曲柄机构，求 L_{AB} 的最小值。

（3）若此机构为双摇杆机构，求 L_{AB} 的数值。

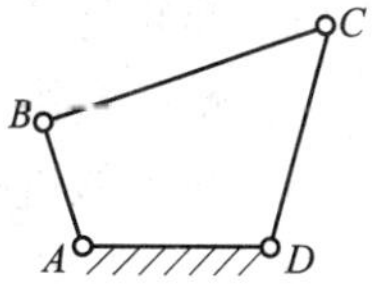

3. 设计一铰链四杆机构，已知其摇杆 DC 的行程速比系数 $K = 1$，摇杆长度 $l_{DC} = 150$ mm，摇杆的两个极限位置与机架所成的夹角 $\psi' = 30°$，$\psi'' = 90°$。求曲柄长度 l_{AB} 及连杆长度 l_{BC}。

模块十 凸 轮 机 构

课题一 凸轮机构的认知

一、填空题

1. 凸轮机构主要由__________、__________和__________三个基本构件组成。

2. 按凸轮的外形不同，凸轮机构主要分为__________凸轮、__________凸轮和__________凸轮三种基本类型。

3. 凸轮机构中，从动端为尖底的特点是__________________、__________________、__________________，能够与任意复杂的凸轮轮廓保持接触，从而实现从动件的任意运动。

4. 凸轮机构一般适用于____________________________的场合。

5. 移动凸轮机构可以作为____________________________的演化形式。

6. 凸轮机构是________________机构，凸轮与从动件为________或________接触，单位面积上承受的压力________，易________，使用寿命短。

二、选择题

1. 凸轮与从动件接触处的运动副属于（　　）。

A. 高副　　B. 转动副　　C. 移动副

2. 与其他机构相比，凸轮机构最大的优点是（　　）。

A. 可实现各种预期的运动规律　　B. 便于润滑，制造方便

C. 从动件的行程较大

3. 使用寿命长、摩擦阻力小、不适用于高速运动的凸轮机构，应选择（　　）从动杆。

A. 尖底　　B. 滚子　　C. 平底

4. 能够实现凸轮与从动件的运动是空间运动的凸轮机构是（　　）。

A. 盘形凸轮机构　　B. 柱体凸轮机构

C. 移动凸轮机构

三、判断题

1. 在凸轮机构中，凸轮通常作为主动件来应用。（　　）

2. 在圆柱凸轮机构中，凸轮与从动杆在同一平面或相互平行的平面内运动。（　　）

3. 平底从动杆易磨损，不适用于高速凸轮机构。（　　）

4. 凸轮机构中的凸轮只能做回转运动，从动件只能做直线运动。（　　）

5. 内燃机配气机构中的凸轮连续运动，而气阀杆有时静止不动。（　　）

四、简答题

1. 凸轮机构通常有哪些应用特点？举例说明。

2. 凸轮机构从动件端部结构形式有哪些？分别有哪些应用特点？

3. 凸轮机构的类型有哪些？各适用于什么场合？

课题二　凸轮轮廓曲线的设计

一、填空题

1. 以凸轮的理论轮廓曲线的最小半径所作的圆称为凸轮的__________。

2. 凸轮机构从动件等速运动的位移线为一条__________线，从动件等加速等减速运动的位移曲线为一条__________线。

3. 等速运动凸轮在速度换接处从动件将产生__________冲击，引起机构的强烈振动。

4. 从动件运动规律是指从动件的__________、__________、__________与凸轮转角之间的函数关系。

二、选择题

1. 从动件的运动速度规律与从动件的运动规律是（　　）。

A. 同一个概念　　　B. 两个不同的概念

2. (　　) 从动杆常用于高速凸轮机构中。

A. 滚子　　B. 平底　　C. 尖顶

3. 凸轮的 (　　) 决定了凸轮机构从动件的运动规律。

A. 转速　　B. 轮廓曲线　　C. 基圆半径

4. 凸轮从动件做等加速等减速运动时其运动始末 (　　)。

A. 有刚性冲击　　B. 没有冲击　　C. 有柔性冲击

三、判断题

1. 凸轮机构的等加速等减速运动是从动件先做等加速上升，然后再做等减速下降完成的。(　　)

2. 从动件按等速运动规律运动时存在刚性冲击，因此常用于低速、轻载的凸轮机构中。(　　)

3. 凸轮机构中的从动件在推程和回程中移动的距离称为行程。(　　)

4. 在凸轮机构中，从动件的运动规律主要是用从动件的位移线图来表达。(　　)

5. 凸轮机构从动件的运动规律决定了凸轮的轮廓曲线。(　　)

四、计算题

已知在对心尖底从动件盘形凸轮机构中，盘形凸轮的基圆半径为 20 mm，从动件按等速运动规律上升、下降，其行程 $h = 30$ mm，推程运动角 $\varphi_1 = 120°$，远休止角 $\varphi_2 = 60°$，回程运动角 $\varphi_3 = 150°$，近休止角 $\varphi_4 = 30°$，试画出该机构中的凸轮轮廓曲线。

模块十一　步进运动机构

课题一　棘 轮 机 构

一、填空题

1．步进运动机构是当主动件做__________时，从动件能够产生__________的时动时停的__________机构。步进运动机构的这种运动特点常应用在周期性的_________、_________和_________、_________等工作场合。

2．棘轮机构的基本构件为__________和__________。

3．棘轮通常具有__________，以键固定在输出轴上，棘爪铰接于摇杆上，摇杆可绕棘轮轴__________。当摇杆__________时，棘爪在棘轮轮齿上滑过，棘轮不转动；当摇杆__________时，棘爪插进棘轮轮齿间，推动棘轮转过一定角度。

4．棘轮机构的主要参数有__________、__________、__________。

二、判断题

1．齿啮式棘轮机构运动可靠、有噪声、易磨损，不宜用于高速的场合。（　　）

2．棘轮机构可以实现步进运动和制动功能，但不能实现超越功能。（　　）

3．棘轮机构的主要参数有齿数、模数和棘轮齿面倾角。（　　）

4．棘轮机构工作时，为保证棘爪顺利地进入棘轮齿槽而又不从齿槽中滑出，必须使棘轮齿面倾角 $\alpha>\varphi$。（　　）

5．棘轮机构的主要几何尺寸中，齿槽夹角 $\theta=50°$。（　　）

三、简答题

1．如何调节棘轮机构中转角的大小？

2. 比较齿式棘轮机构和摩擦式棘轮机构的工作特点。

3. 棘轮机构中止回棘爪的作用是什么？

四、计算题

1. 在棘轮机构中，已知棘轮的齿数 $z=15$，模数 $m=5$ mm，试确定机构的主要几何尺寸。

2. 牛头刨床工作台由棘轮带动丝杠做间歇转动，并通过与丝杠啮合的螺母带动工作台做间歇移动。设进给丝杠的导程 $P_h=3$ mm，与丝杠固联的棘轮齿数 $z=40$，试计算棘轮的最小转动角和丝杠的最小进给量。

课题二 槽轮机构

一、填空题

1. 典型的槽轮机构是由__________、__________、__________和__________组成的。

2. 槽轮机构以曲柄为__________，槽轮为__________。在曲柄__________运动中，当圆销进入槽轮的径向槽时，槽轮开始__________，直到圆销脱出径向槽才停止转动。如此时动时停实现预定的__________运动。

3. 步进齿轮机构是在一对啮合齿轮中，把主动轮做成________，形成不完全的齿轮传动。只有在主动轮__________转到和从动轮轮齿啮合时，从动轮才开始转动；在主动轮__________不与从动轮轮齿啮合时，从动轮又停止转动。

4. 槽轮机构的特点是________、________、运转平稳、________，但不能像棘轮那样可以改变转动角度的大小。

二、判断题

1. 外啮合的槽轮机构，其槽轮的旋转方向与曲柄的旋转方向相同。（ ）

2. 槽轮机构的运动系数必须大于 0 而小于 12。（ ）

3. 为了使槽轮加工方便，其槽数不宜过多，且不宜为奇数，故通常取 $z=4$ 或 $z=6$。（ ）

4. 单圆销作用时，曲柄每转一周，槽轮间歇运动一次；而双圆销作用时，曲柄每转一周，槽轮间歇运动两次。（ ）

5. 槽轮机构的运动要比棘轮平稳，因为主动圆销在进入和退出槽轮径向槽时没有刚性冲击，所以可用在转速较低的装置中。（ ）

三、简答题

1. 与棘轮机构比较，槽轮机构传动有什么特点？

2. 什么是槽轮机构的运动系数？外啮合槽轮机构运动系数的取值范围为多少？为什么？

3. 槽轮机构锁止弧的作用是什么？

四、计算题

1. 已知在一槽轮机构中，圆销的转动半径 $R=45$ mm，圆销半径 $r_1=8$ mm，槽轮每次转角为 60°，试计算该机构的几何尺寸。

2. 有一外啮合槽轮机构，已知槽轮槽数 $z=6$，槽轮的停歇时间为 1 s，槽轮的运动时间为 2 s，求槽轮机构的运动特性系数及所需的圆销数目。

综合试卷一

一、填空题（每空 1 分，共 20 分）

1. 螺旋传动常用__________________、__________________、__________________和__________________四种应用形式。

2. V 带传动的两种失效形式为____________和____________。

3. 一对外啮合斜齿圆柱齿轮的正确啮合条件是：①__________；②__________；③__________。

4. 蜗轮轮齿和斜齿轮相似，齿的旋向与轴线之间的夹角称为________，用________表示。

5. 定轴轮系根据各轴线是否平行，可分为__________轮系和__________轮系。

6. 轴的主要功用是支承________________，并传递__________和__________。

7. 滚动轴承的主要失效形式有________、磨粒磨损及________、断裂、________及其他。

8. 在铰链四杆机构中，当最短杆和最长杆的长度之和大于其他两杆长度之和时，只能获得__________机构。

二、选择题（每题 1 分，共 20 分）

1. 用于连接的螺纹牙型为三角形，这是因为三角形螺纹（　　）。

A. 牙根强度高，自锁性能好　　B. 传动效率高

C. 防振性能好　　D. 自锁性能差

2. 常用螺纹连接中，自锁性最好的螺纹是（　　）。

A. 三角螺纹　　B. 梯形螺纹　　C. 锯齿形螺纹　　D. 矩形螺纹

3. 台虎钳属于（　　）的螺旋传动形式。

A. 螺母固定，螺杆旋转并移动　　B. 螺母轴向固定但旋转，螺杆轴向移动

C. 螺杆固定，螺母旋转并移动　　D. 螺杆轴向固定但旋转，螺母移动

4. 与链传动相比较，带传动的优点是（　　）。

A. 工作平稳，基本无噪声　　B. 承载能力大

C. 传动效率高　　D. 使用寿命长

5. V 带的截面夹角为（　　）。

A. 38°　　B. 36°　　C. 34°　　D. 40°

6. 一般开式齿轮传动的主要失效形式是（　　）。

A. 齿面胶合　　B. 齿面疲劳点蚀

C. 齿面磨损或轮齿疲劳折断　　D. 轮齿塑性变形

7. 设计齿轮传动时，若保持传动比 i 与齿数和 $z_{\Sigma}=z_1+z_2$ 不变，而增大模数 m，则齿轮

的（　　）。

A．弯曲强度提高，接触强度提高　　B．弯曲强度不变，接触强度提高

C．弯曲强度与接触强度均不变　　D．弯曲强度提高，接触强度不变

8．与齿轮传动相比，（　　）不是蜗杆传动的优点。

A．传动平稳、噪声小　　B．传动比可以较大

C．可产生自锁　　D．传动效率高

9．一对标准渐开线圆柱齿轮要正确啮合，它们的（　　）必须相等。

A．直径 d　　B．模数 m　　C．齿宽 b　　D．齿数 z

10．对蜗杆传动的受力分析，下面的（　　）公式有错误。

A．$F_{t1}=-F_{t2}$　　B．$F_{r1}=-F_{r2}$　　C．$F_{t2}=-F_{a1}$　　D．$F_{t1}=-F_{a2}$

11．用于高温、低温及强腐蚀条件下工作的轴可选用的材料是（　　）。

A．38SiMnMo　　B．40Cr　　C．1Cr18Ni9Ti

12．GB 1096　键 16×10×100 的标记中，16×100 表示（　　）。

A．键高×键宽×键长　　B．键宽×键高×键长

C．键高×键宽×轴径

13．定位销的数目一般是（　　）个。

A．1　　B．2　　C．3

14．（　　）适于载荷平稳、正反转启动频繁、转速高的中小功率场合。

A．滑块联轴器　　B．弹性套柱销联轴器

C．万向联轴器

15．回转体平衡研究的内容是（　　）。

A．驱动力与阻力之间的平衡　　B．各构件作用力之间的平衡

C．惯性力系之间的平衡　　D．输入功率与输出功率之间的平衡

16．双摇杆机构是指两连架杆均能（　　）。

A．整周转动　　B．往复摆动　　C．固定不动

17．铰链四杆机构中有两个构件长度相等且最短，其余构件长度不同，若取一个最短构件作机架，则得到（　　）机构。

A．曲柄摇杆　　B．双曲柄　　C．双摇杆

18．凸轮与从动件接触处的运动副属于（　　）。

A．高副　　B．转动副　　C．移动副

19．（　　）从动杆常用于高速凸轮机构中。

A．滚子　　B．平底　　C．尖顶

20．对于齿面硬度≤350HBW 的齿轮传动，当大、小齿轮均采用 45 钢时，一般采取的热处理方式为（　　）。

A．小齿轮淬火，大齿轮调质处理　　B．小齿轮淬火，大齿轮正火

C．小齿轮调质处理，大齿轮正火　　D．小齿轮正火，大齿轮调质处理

三、判断题（每题 1 分，共 10 分）

1．普通螺纹的公称直径是指螺纹中径的基本尺寸。（　　）

2. 为了提高平带传动的承载能力，包角 α 不能太小，一般要求 $\alpha \geqslant 150°$。 (　　)

3. 设计齿轮时，所依据的设计准则取决于齿轮可能出现的失效形式。 (　　)

4. 蜗杆传动效率低、发热量小，不会导致齿面胶合。 (　　)

5. 定轴轮系能实现变速要求，但不能实现变向要求。 (　　)

6. 键和销都是标准件。 (　　)

7. 为保证滚动轴承轴系能正常传递轴向力且不发生窜动，在轴上零件定位固定的基础上，必须合理地设计轴系支点的轴向固定结构。 (　　)

8. 在转子进行静平衡后，不需要再进行动平衡。 (　　)

9. 曲柄摇杆机构只能将回转运动转换为往复摆动。 (　　)

10. 在圆柱凸轮机构中，凸轮与从动杆在同一平面或相互平行的平面内运动。 (　　)

四、简答题（每题 6 分，共 30 分）

1. 常用螺纹有哪几类？哪些用于连接？哪些用于传动？为什么？哪些是标准螺纹？

2. 齿轮常见的失效形式有哪些？

3. 蜗杆传动正确的啮合条件是什么？

4. 什么是惰轮？它对轮系传动比的计算有什么影响？

5. 如何选用滚动轴承？

五、计算题（共 20 分）

1. 超重吊钩如下图所示，已知吊钩螺纹的直径 $d=36$ mm，螺纹小直径 $d_1=31.67$ mm，吊钩材料为 35 钢，$R_{eL}=315$ MPa，取安全系数 $S=4$，试计算吊钩的最大起重量。(6 分)

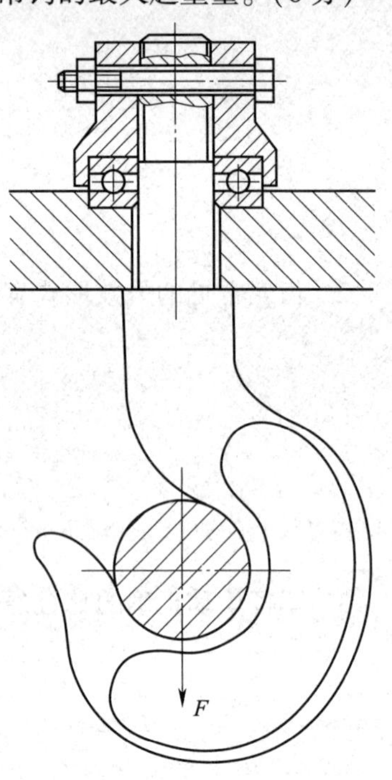

2. 在平带开口传动中，已知主动轮直径 $d_1=200$ mm，从动轮直径 $d_2=600$ mm，两传动轴中心距 $a=1\ 200$ mm，试计算传动比、包角，并求出带长。(6 分)

3. 已知蜗杆传动功率 $P_1=3.5$ kW，转速 $n_1=1\ 440$ r/min，传动比 $i=20$，连续工作，单向运转，载荷平衡，试进行热平衡计算。(8 分)

综合试卷二

一、填空题（每空 1 分，共 20 分）

1. 螺纹连接防松的实质就是________________。

2. 螺旋传动常将主动件的匀速转动转换为从动件平稳、匀速的__________运动。

3. 平带传动的主要参数包括__________、__________、__________、中心距四部分。

4. 直齿圆柱齿轮副正确啮合的条件是____、____。

5. 在斜齿圆柱齿轮设计中，应取__________模数为标准值；而在直齿锥齿轮设计中，应取__________模数为标准值。

6. 根据 GB/T 10089—2018，蜗杆传动规定了____个精度等级，第____级精度最高，第____级精度最低。

7. 蜗杆传动一般要求____________________的润滑油。

8. 定轴轮系根据各轴线是否平行，可分为__________轮系和__________轮系。

9. 一般机器中的轴多选用优质中碳钢制造，其中____钢最常用。

10. 常用离合器有________________和________________两种。

11. 有些转子在旋转时没有变形或变形很小，可忽略不计，称之为____________；有些转子在旋转时变形较大而不能忽略不计，称之为____________。

二、选择题（每题 1 分，共 20 分）

1. 当螺纹公称直径、牙型角、螺纹线数相同时，细牙螺纹的自锁性能比粗牙螺纹的自锁性能（　　）。

A. 好　　B. 差　　C. 相同　　D. 不一定

2. 连接用的螺纹必须满足（　　）条件。

A. 不自锁　　B. 传力　　C. 自锁　　D. 传递转矩

3. V 带的截面夹角为（　　）。

A. 38°　　B. 36°　　C. 34°　　D. 40°

4. 一般开式齿轮传动的主要失效形式是（　　）。

A. 齿面胶合　　B. 齿面疲劳点蚀

C. 齿面磨损或轮齿疲劳折断　　D. 轮齿塑性变形

5. 齿轮传动在（　　）工况中的齿宽系数 ψ_d 可取大一些。

A. 悬臂布置　　B. 不对称布置

C. 对称布置　　D. 同轴式减速器布置

6. 斜齿圆柱齿轮的齿数 z 与法向模数 m_n 不变，若增大螺旋角 β，则分度圆直径 d_1（　　）。

A. 增大　　B. 减小　　C. 不变

7. 蜗杆传动的正确啮合条件中，应除去（　　）。

A. $m_{a1}=m_{t2}$　　B. $\alpha_{a1}=\alpha_{t2}$　　C. $\beta_1=\beta_2$　　D. 螺旋方向相同

8.（　　）适用于载荷平稳、两轴严格对中的场合，可传递较大转矩，但不能缓冲和减振。

A. 滑块联轴器　　B. 齿式联轴器　　C. 凸缘联轴器

9.（　　）适用于载荷平稳、正反转启动频繁、转速高的中小功率场合。

A. 滑块联轴器　　B. 弹性套柱销联轴器

C. 万向联轴器

10. 回转体平衡研究的内容是（　　）。

A. 驱动力与阻力之间的平衡　　B. 各构件作用力之间的平衡

C. 惯性力系之间的平衡　　D. 输入功率与输出功率之间的平衡

11. 静平衡的条件是（　　），动平衡的条件是（　　）。

A. $m_e=\sum m_i r_i+m_b r_b=0$　　B. $m_b' r_b'+\sum m_i' r_i'=0$

C. $m_b'' r_b''+\sum m_i'' r_i''=0$

12. 定位销的数目一般是（　　）个。

A. 1　　B. 2　　C. 3

13. 以键的两侧面为工作面的是（　　）。

A. 平键连接　　B. 切向键连接　　C. 楔键连接

14. 常用于轴的中部或端部，可承受较大的轴向力，但对轴的强度削弱较大的周向固定是（　　）。

A. 套筒　　B. 轴肩和轴环　　C. 圆螺母

15. 在蜗杆传动中，轮齿承载能力计算主要是针对（　　）来进行的。

A. 蜗杆齿面接触强度和蜗轮齿根弯曲强度

B. 蜗杆齿根弯曲强度和蜗轮齿面接触强度

C. 蜗杆齿面接触强度和蜗杆齿根弯曲强度

D. 蜗轮齿面接触强度和蜗轮齿根弯曲强度

16. 蜗杆直径系数 $q=$（　　）。

A. d_1/m　　B. $d_1 m$　　C. a/d　　D. a/m

17. 一对圆柱齿轮，通常把小齿轮的齿宽做得比大齿轮宽一些，其主要原因是（　　）。

A. 使传动平稳　　B. 提高传动效率

C. 提高齿面接触强度　　D. 便于安装，保证接触线长度

18. V 带型号的选择主要取决于（　　）。

A. 带传递的功率和小带轮转速　　B. 带的线速度

C. 带的紧边拉力　　D. 带的松边拉力

19. 调节机构中，如螺纹为双线，螺距为 3 mm，平均直径为 14.7 mm，当螺杆转 3 转时，螺母轴向移动（　　）mm。

A. 14.7　　B. 29.4　　C. 18　　D. 6

20. 台虎钳属于（　　）螺旋传动形式。

A. 螺母固定，螺杆旋转并移动　　B. 螺母轴向固定但旋转，螺杆轴向移动

C. 螺杆固定，螺母旋转并移动　　D. 螺杆轴向固定但旋转，螺母移动

三、判断题（每题 1 分，共 10 分）

1. 螺钉连接通常用于被连接件之一较厚且经常装拆的场合。（　　）
2. 链传动能在高温、低速、重载条件下和尘土飞扬的不良环境中工作。（　　）
3. 为了提高齿轮传动的接触强度，可采取增大传动中心距的方法。（　　）
4. 由于蜗轮和蜗杆之间的相对滑动较大，更容易产生胶合和磨粒磨损。（　　）
5. 蜗杆传动效率低、发热量小，不会导致齿面胶合。（　　）
6. 采用轮系传动可获得很大的传动比。（　　）
7. 在铰链四杆机构中，能绕铰链中心回转 360°的杆件称为曲柄。（　　）
8. 外啮合的槽轮机构，其槽轮的旋转方向与曲柄的旋转方向相同。（　　）
9. 单圆销作用时，曲柄每转一周，槽轮间歇运动一次；而双圆销作用时，曲柄每转一周，槽轮间歇运动两次。（　　）
10. 槽轮机构的运动要比棘轮机构平稳，因为主动圆销在进入和退出槽轮径向槽时没有刚性冲击，所以可用在转速较低的装置中。（　　）

四、简答题（每题 6 分，共 30 分）

1. 在蜗杆传动中，轮齿承载能力的计算主要是针对什么来进行的？

2. 在定轴轮系中如何确定首、末两轮转向间的关系？

3. 在铰链四杆机构中，曲柄存在的条件是什么？在曲柄存在的情况下，如何获得铰链四杆机构的基本形式？

4. 飞溅润滑有什么特点？适用于什么场合？

5. 什么是双曲柄机构？它有哪些类型？它们有什么运动特点？

五、计算题（共 20 分）

1. 一对标准直齿圆柱齿轮，已知齿轮的模数 $m=5$ mm，小、大齿轮的参数分别为：应力修正系数 $Y_{Sa1}=1.56$，$Y_{Sa2}=1.76$；齿形系数 $Y_{Fa1}=2.8$，$Y_{Fa2}=2.28$；许用应力 $\sigma_{FP1}=314$ MPa，$\sigma_{FP2}=286$ MPa。已知小齿轮的齿根弯曲应力 $\sigma_{F1}=306$ MPa。(10 分)

试问：

(1) 哪一个齿轮的弯曲疲劳强度较大？

(2) 两齿轮的弯曲疲劳强度是否均满足要求？

2. 下图所示的铰链四杆机构中，已知 $L_{BC}=50$ mm，$L_{CD}=35$ mm，$L_{AD}=30$ mm，AD 为机架。(10 分)

计算：

(1) 若此机构为曲柄摇杆机构，且 AB 为曲柄，求 L_{AB} 的最大值。

(2) 若此机构为双曲柄机构，求 L_{AB} 的最小值。

(3) 若此机构为双摇杆机构，求 L_{AB} 的数值。

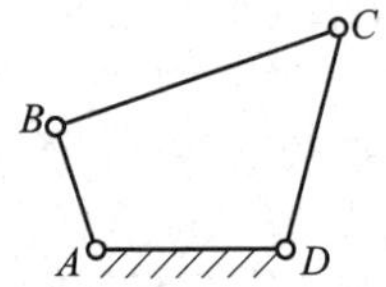

综合试卷三

一、填空题（每空1分，共20分）

1. 螺纹按照牙型截面的不同，一般分为________螺纹、________螺纹、________螺纹和________螺纹四种。

2. 带传动是由______和______组成、传递运动和（或）动力的。带传动分为______传动和______传动两类。

3. 直齿圆柱齿轮的基本参数有______、______、______、齿顶高系数和顶隙系数五个。

4. 在蜗杆传动中，其主要参数及几何尺寸计算均以______为准。

5. 一个周转轮系由中心轮、行星架和______三种基本构件组成。

6. 只受弯矩不受转矩的轴称为______。

7. 花键按齿形不同可分为________和________两种。

8. 在滑动轴承中，为了改善轴瓦表面的摩擦性质，常在其内表面浇铸一层或两层减摩材料，称为______。

9. 棘轮机构的基本构件为______和______。

10. 飞机起落架的收放机构属于铰链四杆机构中的______机构。

二、选择题（每题1分，共20分）

1. 用于连接的螺纹牙型为三角形，这是因为三角形螺纹（　　）。

A. 牙根强度高、自锁性能好　　B. 传动效率高

C. 防振性能好　　D. 自锁性能差

2. 带传动工作中产生弹性滑动的原因是（　　）。

A. 带的预紧力不够　　B. 带的松边和紧边拉力不等

C. 带绕过带轮时有离心力　　D. 带和带轮间摩擦力不够

3. 对于开式齿轮传动，在工程设计中一般（　　）。

A. 按接触强度设计齿轮尺寸，再校核弯曲强度

B. 按弯曲强度设计齿轮尺寸，再校核接触强度

C. 只需按接触强度设计

D. 只需按弯曲强度设计

4. 与齿轮传动相比，（　　）不是蜗杆传动的优点。

A. 传动平稳、噪声低　　B. 传动比可以较大

C. 可产生自锁　　D. 传动效率高

5. （　　）多用于轴上两零件近距离的相对固定，但轴的转速很高时不宜采用。

A. 套筒　　B. 轴肩　　C. 弹性挡圈　　D. 轴环

6. 回转体平衡研究的内容是（　　）。

A. 驱动力与阻力之间的平衡　　B. 各构件作用力之间的平衡

C. 惯性力系之间的平衡　　D. 输入功率与输出功率之间的平衡

7. 下图所示的筛子应用的是（　　）。

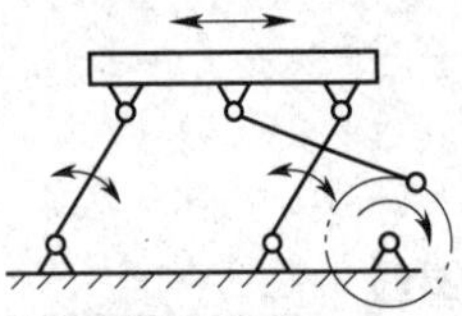

A. 曲柄摇杆机构　　B. 双摇杆机构

C. 双曲柄机构　　D. 以上都不对

8. 凸轮轮廓曲线没有凹槽，且转速高，要求承载能力较大时，应选（　　）从动杆。

A. 尖顶　　B. 滚子　　C. 平底　　D. 移动

9. 普通平键连接传递动力依靠（　　）。

A. 两侧面的摩擦力　　B. 两侧面的挤压力

C. 上下面的挤压力　　D. 上下面的摩擦力

10. 在凸轮机构中，基圆半径是指凸轮转动中心至（　　）。

A. 理论轮廓线上的最大向径　　B. 实际轮廓线上的最大向径

C. 理论轮廓线上的最小向径　　D. 实际轮廓线上的最小向径

11. 用齿条形刀具范成加工渐开线直齿圆柱齿轮，当（　　）时将发生根切现象。

A. $z = 17$　　B. $z<17$　　C. $z>17$　　D. $z = 14$

12. 在曲柄摇杆机构中，曲柄为主动件，则传动角是（　　）。

A. 摇杆两个极限位置之间的夹角　　B. 连杆与摇杆之间所夹锐角

C. 连杆与曲柄之间所夹锐角　　D. 摇杆与机架之间所夹锐角

13. 在（　　）情况下，滑动轴承润滑油的黏度不应选得较高。

A. 重载　　B. 高速

C. 工作温度　　D. 承受变载或冲击振动载荷

14. 在齿轮传动中，轮齿的齿面疲劳点蚀通常先发生在（　　）。

A. 齿顶部分　　B. 靠近节线的齿顶部分

C. 齿根部分　　D. 靠近节线的齿根部分

15. 在带传动中，弹性滑动（　　）。

A. 在张紧力足够时可以避免　　B. 在传递功率较小时可以避免

C. 在小带轮包角足够大时可以避免　　D. 是不可避免的

16. 在润滑良好的条件下，为提高蜗杆传动的啮合效率，应采用（　　）。

A. 大直径系数的蜗杆　　B. 单头蜗杆

C. 多头蜗杆　　D. 较大的蜗轮齿数

17. 在滚子链传动中，链节数应尽量避免采用奇数，这主要是因为采用过渡链节后（　　）。

A. 制造困难　　B. 要使用较长的销轴

C. 不便于装配　　D. 链板要产生附加的弯曲应力

18. 在下列四种型号的滚动轴承中，(　　) 必须成对使用。

A. 深沟球轴承　　B. 圆柱滚子轴承

C. 推力球轴承　　D. 圆锥滚子轴承

19. 棘轮机构中采用了止回棘爪，主要是为了 (　　)。

A. 防止棘轮反转　　B. 对棘轮进行双向定位

C. 保证棘轮每次转过相同的角度　　D. 驱动棘轮转动

20. 在传动中，各齿轮轴线位置固定不动的轮系称为 (　　)。

A. 周转轮系　　B. 定轴轮系

C. 行星轮系　　D. 混合轮系

三、判断题（每题 1 分，共 10 分）

1. 螺栓连接通常用于被连接件之一较厚且不经常装拆的场合。(　　)

2. V 带张紧轮应安装在带的松边外侧，靠近小带轮。(　　)

3. 齿形链与滚子链相比，具有工作平稳、噪声低、耐冲击、允许较高的链速等优点。(　　)

4. 一对圆柱齿轮传动中，当齿面产生疲劳点蚀时，通常发生在靠近节线的齿顶部分。(　　)

5. 斜齿圆柱齿轮的齿数 z 与法向模数 m_n 不变，若增大螺旋角 β，则分度圆直径 d_1 增大。(　　)

6. 紧定螺钉用于承受轴向力较小或不受轴向力的场合，可用于高速场合。(　　)

7. 周转轮系在各类机械设备中应用广泛，常用作大传动比的减速器。(　　)

8. 为了保证零件定位可靠，定位轴肩或轴环处的过渡圆角半径可以大于相配合零件的圆角半径或倒角。(　　)

9. 滚动轴承是标准组件，所以与相关零件配合时其内孔和外圆分别是基准孔和基准轴，在配合中一定要标注。(　　)

10. 联轴器既可连接两轴以传递运动和动力，又能根据工作需要随时使主动轴和从动轴接合或分离。(　　)

四、简答题（每题 6 分，共 24 分）

1. 带传动的弹性滑动和打滑有什么区别？带的设计准则是什么？

2. 什么是动不平衡？产生动不平衡的原因是什么？

3. 滚动轴承的基本类型有哪些？

4. 轮齿的失效形式主要有哪几种？

五、计算题（每题 8 分，共 16 分）

1. 在下图所示的行星减速器中，已知 $n_3 = 2\ 400$ r/min，$z_1 = 105$，$z_3 = 135$，试求系杆 H 的转速 n_H。

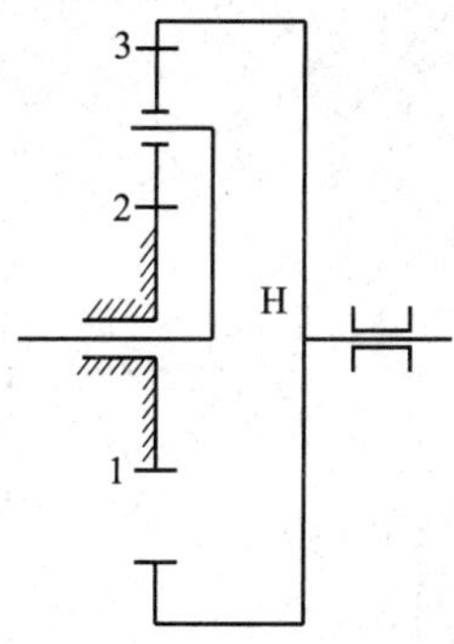

2. 已知蜗轮的旋向如下图所示，蜗杆为主动件，蜗轮输出轮的转动方向如图所示，试在图中标出轮 3、轮 2、轮 1 的转动方向，并在蜗轮蜗杆啮合处标出两者所受圆周切向力、轴向力、径向力的方向。

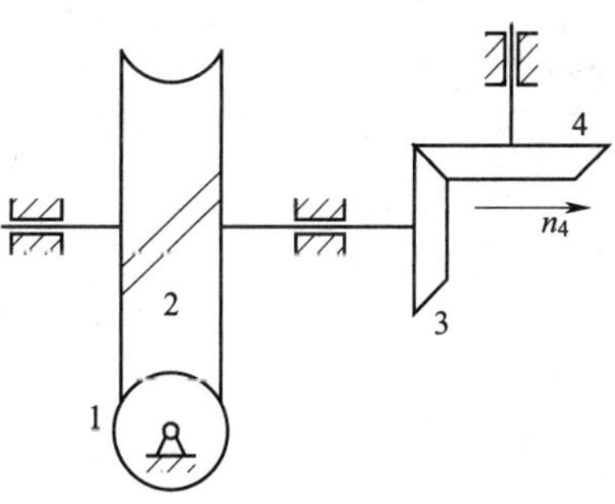

六、应用题（10分）

下图所示为一蜂窝煤生产设备，将煤粉加入转盘上的模筒内，经冲头冲压成蜂窝煤。试分析冲压式蜂窝煤成型机的工作原理。

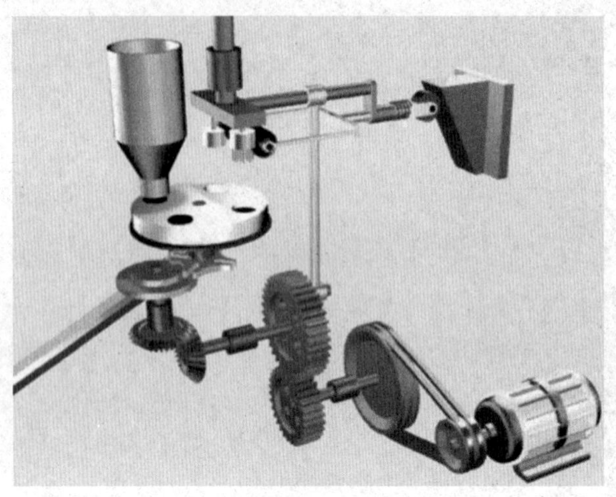

综合试卷四

一、填空题（每空 1 分，共 20 分）

1. 普通螺纹的牙型角 $\alpha=$____________，适用于________________；而梯形螺纹的牙型角 $\alpha=$__________，适用于____________。

2. V 带传动中使用的张紧轮应该安放在 V 带____________，尽量靠近____________处。

3. 齿轮设计中，在选择齿轮的齿数时，对闭式软齿面齿轮传动，一般 z_1 选得____一些；对开式齿轮传动，一般 z_1 选得____一些。

4. 与齿轮传动一样，蜗杆传动的几何尺寸也以__________为主要计算参数。

5. 蜗杆分度圆直径 d_1 与模数 m 的比值称为__________，用__________表示。

6. 定轴轮系根据各轴线是否平行，可分为__________轮系和__________轮系。

7. 一般机器中的轴多选用优质中碳钢制造，其中____钢最常用。

8. 普通平键为静连接，主要失效形式是工作面被__________；而导向平键、滑键为动连接，主要失效形式是工作面的________________。

9. 对于回转体的平衡试验，一般利用________________________进行静平衡试验，利用__________________进行动平衡试验。

10. 带传动的失效形式为__________和__________，因此，其主要设计依据为在保证带传动不打滑的条件下，具有一定的疲劳强度和使用寿命。

二、选择题（每空 1 分，共 20 分）

1. 对工作时仅受预紧力 F' 作用的紧螺栓连接，其强度校核公式为 $\sigma=\dfrac{1.3F'}{\pi d_1^2/4}\leqslant[\sigma]$，式中的系数 1.3 是（　　）。

   A. 可靠性系数　　B. 安全系数　　C. 过载系数

2. 连接螺纹要求自锁性好，传动螺纹要求（　　）。

   A. 平稳性好　　B. 效率高　　C. 螺距大　　D. 螺距小

3. V 带的截面夹角为（　　）。

   A. 38°　　B. 36°　　C. 34°　　D. 40°

4. 一组 V 带中，若有一根不能使用，应（　　）。

   A. 全组更换　　B. 只更换一根　　C. 更换其中几根

5. 对于开式齿轮传动，在工程设计中一般（　　）。

   A. 按接触强度设计齿轮尺寸，再校核弯曲强度

   B. 按弯曲强度设计齿轮尺寸，再校核接触强度

   C. 只需按接触强度设计

D. 只需按弯曲强度设计

6. 起吊重物用的手动蜗杆传动宜采用（　　）的蜗杆。

A. 单头、小导程角　　B. 单头、大导程角

C. 多头、小导程角　　D. 多头、大导程角

7. 蜗杆的常用材料是（　　）。

A. HT150　　B. ZCuSn10P1　　C. 45 钢　　D. GCr15 钢

8. 用于高温、低温及强腐蚀条件下工作的轴可选用的材料是（　　）。

A. 38SiMnMo　　B. 40Cr　　C. 1Cr18Ni9Ti

9. （　　）多用于轴上两零件近距离的相对固定，但轴的转速很高时不宜采用。

A. 套筒　　B. 轴肩和轴环　　C. 弹性挡圈

10. GB/T 1096　键 16×10×100 的标记中，16×100 表示（　　）。

A. 键高×键宽×键长　　B. 键宽×键高×键长

C. 键高×键宽×轴径

11. 回转体平衡研究的内容是（　　）。

A. 驱动力与阻力之间的平衡　　B. 各构件作用力之间的平衡

C. 惯性力系之间的平衡　　D. 输入功率与输出功率之间的平衡

12. 双曲柄机构（　　）死点位置。

A. 存在　　B. 可能存在　　C. 不存在

13. 在直齿圆柱齿轮传动中，当齿轮直径不变而减小模数、增加齿数时，则（　　）。

A. 提高了轮齿的弯曲强度　　B. 提高了齿面的接触强度

C. 降低了轮齿的弯曲强度　　D. 降低了齿面的接触强度

14. 有一减速器传动装置由带传动、链传动和齿轮传动组成，其排列顺序以方案（　　）为好。

A. 带传动→齿轮传动→链传动　　B. 链传动→齿轮传动→带传动

C. 带传动→链传动→齿轮传动　　D. 链传动→带传动→齿轮传动

15. 为连接承受横向工作载荷的两块薄钢板，一般采用的螺纹连接类型应是（　　）。

A. 螺栓连接　　B. 双头螺柱连接

C. 螺钉连接　　D. 紧定螺钉连接

16. 工作时承受弯矩并传递转矩的轴称为（　　）。

A. 转动心轴　　B. 转轴　　C. 传动轴　　D. 固定心轴

17. 带传动产生弹性滑动的原因是（　　）。

A. 带不是绝对挠性体　　B. 带与带轮间的摩擦因数偏低

C. 带绕过带轮时产生离心力　　D. 带的紧边与松边拉力不等

18. 链传动作用在轴和轴承上的载荷比带传动要小，这主要是因为（　　）。

A. 链传动只用来传递较小的功率

B. 链速较高，在传递相同功率时圆周力小

C. 链传动是啮合传动，不需要大的张紧力

D. 链的质量大，离心力大

19. 温度对润滑油黏度的影响是随着温度的升高润滑油的黏度（　　）。

A. 提高　　　　　　B. 不变　　　　　　C. 降低

20. 下列关于变应力的叙述正确的是（　　）。

A. 变应力只能由变载荷产生

B. 静载荷不能产生变应力

C. 变应力是由静载荷产生的

D. 变应力是由变载荷产生的，也可能由静载荷产生

三、判断题（每题 1 分，共 10 分）

1. 同一直径的螺纹按螺旋线数不同，可分为粗牙和细牙两种。（　　）

2. 平带传动的传动比 $i=n_1/n_2=d_1/d_2$。（　　）

3. 为保证链传动的正常使用，提高链传动的质量并延长其使用寿命，链传动需进行适当的张紧和润滑。（　　）

4. 为了提高齿轮传动的接触强度，可采取增大传动中心距的方法。（　　）

5. 蜗杆传动的正确啮合条件之一是蜗杆与蜗轮的螺旋角大小相等、方向相同。（　　）

6. 轮系传动能实现汽车转弯时两后轮转速不同的需要。（　　）

7. 在双螺母防松结构中，如两螺母厚度不同，应先安装薄螺母，后安装厚螺母。（　　）

8. 滚动轴承的轴向系数 Y 值越大，其承受轴向力的能力越大。（　　）

9. 减速器的齿轮和滚动轴承可以采用不同的润滑剂。（　　）

10. 失效就是零件断裂了。（　　）

四、简答题（每题 6 分，共 18 分）

1. 铰制孔用螺栓连接有什么特点？用于承受何种载荷？

2. 在两级圆柱齿轮传动中，若一级为斜齿，另一级为直齿，斜齿圆柱齿轮应置于调整级还是低速级？为什么？若为直齿锥齿轮和圆柱齿轮所组成的两级传动，锥齿轮应置于调整级还是低速级？为什么？

3. 指出下图中轴的结构有哪些错误和不合理的地方，并说明改正方法。

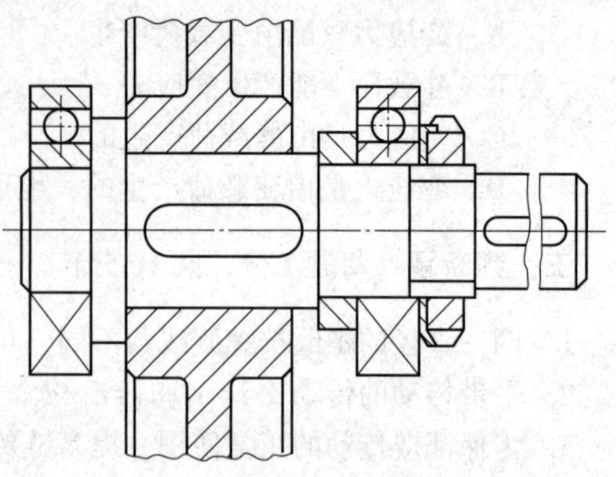

五、计算题（每题 8 分，共 32 分）

1. 已知单线梯形丝杠传动的螺距为 6 mm，试计算：

（1）欲使螺母移动 30 mm，丝杠应转多少转？

（2）设螺母移动 0.06 mm，刻度盘转过 1 格，此刻度盘应均匀刻多少条线？

2. 技术革新中需要一对传动比为 3 的直齿圆柱齿轮，现找到两个压力角为 20°的直齿轮，经测量，齿数分别为 $z_1=20$，$z_2=60$，齿顶圆直径分别为 $d_{a1}=55$ mm，$d_{a2}=186$ mm，这两个齿轮是否能配对使用？为什么？

3. 下图所示的四杆机构中，各杆长度为 $AB=25$ mm，$BC=90$ mm，$CD=75$ mm，$AD=100$ mm，试问：

(1) 若杆 AB 是机构的主动件，AD 为机架，该机构是什么类型的机构？

(2) 若杆 BC 是机构的主动件，AB 为机架，该机构是什么类型的机构？

(3) 若杆 BC 是机构的主动件，CD 为机架，该机构是什么类型的机构？

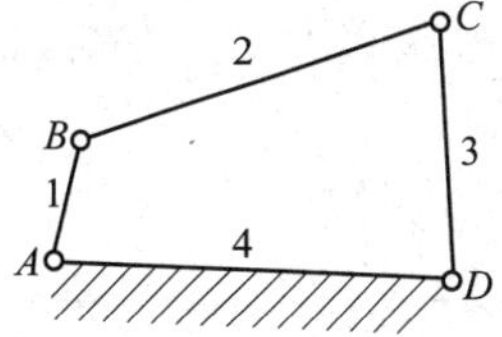

4. 下图所示普通螺栓连接中采用两个 M16 的螺栓，已知螺栓小径 $d_1=13.84$ mm，螺栓材料为 35 钢，$[\sigma]=105$ MPa，被连接件接合面间摩擦因数 $f=0.15$，可靠性系数 $K_f=1.2$，试计算该连接允许传递的最大横向载荷 F_R。

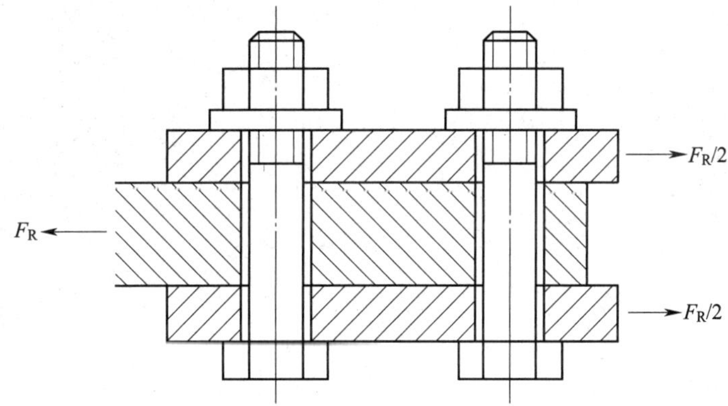